AF307985

John Archibald Wheeler

Einsteins Vision

*Wie steht es heute mit Einsteins Vision,
alles als Geometrie aufzufassen?*

Mit 10 Abbildungen

Springer-Verlag Berlin · Heidelberg · New York 1968

John Archibald Wheeler
Joseph Henry Professor der Physik
an der Universität Princeton

ISBN-13: 978-3-642-86532-9   e-ISBN-13: 978-3-642-86531-2
DOI: 10.1007/978-3-642-86531-2

Titel-Nr. 1519

Vorwort

Am 4. November 1915 legte EINSTEIN seine berühmte Arbeit „Zur allgemeinen Relativitätstheorie" der Preußischen Akademie der Wissenschaften zu Berlin vor. 50 Jahre später organisierte die Deutsche Akademie der Wissenschaften im Andenken daran eine dreitägige Konferenz, in deren Verlauf auch eine Gedenkfeier abgehalten wurde. Ich hatte die Ehre, eine Gedenkrede über EINSTEIN und sein Werk zu halten. In der Zwischenzeit wurde unser Wissen um viele wichtige neue Zusätze erweitert. Wir sehen nun, daß die Dynamik der Einsteinschen Theorie in einem Superraum abläuft. Seine Struktur und seine Eigenschaften sind von größter Bedeutung. Infolgedessen habe ich jenen Teil meines Berichtes von 1965, der über die Quantengeometrodynamik handelt, geändert und erweitert, um vom § 12 an unser Wissen über den Superraum zusammenzufassen. Einige Teile des hier enthaltenen Materials sind schon früher in anderer Form erschienen. Der Autor dankt für die Erlaubnis, dieses Material wieder abdrucken zu lassen, den folgenden Verlagen: Akademie-Verlag, Berlin; W. A. Benjamin, Inc., New York; Gordon and Breach, New York; und Springer-Verlag, New York und Heidelberg, sowie den Organisatoren jener Konferenzen, auf denen diese Beiträge vorgelegt wurden: Einstein-Symposium aus Deutsche Akademie der Wissenschaften zu Berlin, 1965; International School of Non-Linear Mathematics and Physics, München, Juli 1966; Academie Internationale de Philosophie des Sciences, Oberwolfach/Freiburg i.Br., Juli 1966; Society of Engineering Science, Raleigh, North Carolina, Oktober 1966; Colloque Internationale sur Fluides et Champ Gravitationel en Relativité Generale, Paris, Juni 1967; und Battelle Rencontres in Mathematics and Physics, Seattle, Juli 1967.

Ich bin für die erwiesene Gastfreundschaft zutiefst verbunden, und ich danke auch den Kollegen. Schließlich möchte ich den Herren Dr. E. LIEBSCHER, Berlin, Professor Dr. DIETER BRILL, New Haven, Professor Dr. V. BARGMANN, Princeton, und besonders Dipl.-Ing. HELMUT KRIKAVA, Princeton und Wien, für ihre Hilfe bei der Übersetzung meinen größten Dank aussprechen.

Princeton, im Sommer 1968

JOHN ARCHIBALD WHEELER

Inhaltsverzeichnis

I. EINSTEIN und seine Theorie 1

    § 1. EINSTEINs Vision 1
    § 2. Zu Hause bei EINSTEIN 1
    § 3. EINSTEIN und das Quantenprinzip 3
    § 4. EINSTEINs Geometrodynamik 4

II. Folgerungen aus der Einsteinschen Geometrodynamik . . 5

    § 5. Bestätigungen der Relativitätstheorie 5
    § 6. Die Dynamik der Geometrie 5
    § 7. Alles als Geometrie? 6
    § 8. Die Bewegungsgleichungen der Teilchen 7
    § 9. Das Geon 8
    § 10. Schon vereinheitlichte Feldtheorie 8
    § 11. Die topologische Interpretierung der Ladung 10

III. Der Superraum und die tiefere Struktur der Geometrodynamik 12

    § 12. Der Superraum als Wirkungsbereich der Geometrodynamik 12
    § 13. Die Auswahl der erlaubten Entwicklungsgeschichte durch Interferenz aus dem Wirkungsbereich der Dynamik 12
    § 14. Drei Dimensionen, nicht vier 15
    § 15. Der Superraum als echte Mannigfaltigkeit 17
    § 16. Wellenpaket im Superraum und seine Fortpflanzung . 21
    § 16a. „Raum-Zeit" — ein Begriff von beschränkter Gültigkeit 24
    § 17. Die Plancksche Länge und der Gravitationskollaps . . 26

IV. Quantenschwankungen und Teilchenstruktur 29

    § 18. Quantenschwankungen in der Geometrie des Raumes 29
    § 19. Schwankungen, dem klassischen Verhalten aufgeprägt 33
    § 20. Läßt sich Geometrodynamik auf die Plancksche Längenskala hinunter extrapolieren? 36
    § 21. Quantengeometrodynamische Schwankungen und Elektrizität als in der Topologie des Raumes gefangene Kraftlinien 39
    § 22. Die Energie des Vakuums 46
    § 23. Das Teilchen als geometrodynamisches Exciton . . . 48

Anhang A. Struktur der Einsteinschen Geometrodynamik . . .   52

§ 24. „Ableitung" der „Einstein-Hamilton-Jacobi"-Glei-
chung   52

§ 25. Einiges über die Beziehung der Hamilton-Jacobi-Me-
thode zu den konventionellen analytischen Lösungen
der Feldgleichungen   55

Anhang B. Struktur des Superraumes   59

§ 26. Beziehung zwischen der Struktur der Einstein-Hamilton-Jacobi-Gleichung und der Struktur des Superraumes   59

§ 27. Stufe 1: Klassische Geometrodynamik; Topologie
ändert sich nicht   61

§ 28. Festgelegte Topologie schließt eine geometrodynamische Erklärung von Teilchen und Feldern aus   63

§ 29. Formalismus des Feldes, wenn es als „Fremdes und
Physikalisches" behandelt wird   65

§ 30. Stufe 2: Raum resonierend zwischen 3-Geometrien
verschiedener Topologien   68

§ 31. Die „Version" oder die „Lage-Verdrill-Beziehung" .   69

§ 32. Die 2^n-möglichen Spinstrukturen in einem n-fach zusammenhängenden Raum   72

§ 33. Der mehrblättrige Charakter des Superraumes. . . .   73

§ 34. Elektromagnetismus als ein statistischer Aspekt der
Geometrie? Andere Fragen   76

§ 35. Das Beispiel der 2-Geometrien   77

§ 36. Andere Aspekte des Superraumes   79

§ 37. Tangentenvektoren des Superraumes und das klassische Anfangswertproblem   80

§ 38. Stufe 3: Vorgeometrie   83

Anhang C. Struktur des Quantengeometrodynamischen Anfangswertproblems   84

§ 39. Anfangsbedingungen   84

Literaturverzeichnis   86

Namenverzeichnis   100

Sachverzeichnis   103

Verzeichnis der Abbildungen

Abb. 1. Eigenschaften eines Geons 9

Abb. 2. Die Spur, die das elektromagnetische Feld auf der Geometrie hinterläßt 10

Abb. 3. Ladung als elektrische Kraftlinien, die in der Topologie gefangen sind 11

Abb. 4. Interferenz und die ,,Weltlinie" eines Teilchens . . 14

Abb. 5. Die Bahn eines Balles und eines Photons 16

Abb. 6. Der ,,Superraum" 18

Abb. 7. Symbolische Darstellung der Elektronenbewegung im Wasserstoffatom 30

Abb. 8. Symbolische Darstellung von drei Wahrscheinlichkeitsamplitudenfunktionen 42

Abb. 9. Elastische Schnüre und die ,,Version" oder die ,,Lage-Verdrill-Beziehung" 70

Abb. 10. Der vielblättrige Charakter des Superraumes . . 74

Verzeichnis der Tabellen

Tabelle 1. Geometrodynamik verglichen mit Teilchendynamik 19

Tabelle 2. Der Begriff der elektrischen Ladung in der klassischen und in der Quantengeometrodynamik . . 44

Tabelle 3. Quantengeometrodynamische Interpretation von Teilchen und Kräften 51

Herr Präsident, meine Damen und Herren!

Ich danke Ihnen für die glückliche Gelegenheit, an diesem sehr lehrreichen Symposium teilzunehmen und für die Ehre, an der heutigen 50-Jahr-Feier zu Ihnen sprechen zu dürfen.

I. Einstein und seine Theorie

§ 1. EINSTEINs Vision

Ich spreche heute tief beeindruckt von der prophetischen Vision, die EINSTEIN während seiner letzten 40 Lebensjahre bewegte. Ich frage mich, wie es heute um EINSTEINs Hoffnung steht, die Materie als eine Erscheinungsform des leeren, gekrümmten Raumes zu verstehen. Sein alter Traum, der zu seinen Lebzeiten nicht verwirklicht wurde und womöglich noch heute der Verwirklichung nicht nähergerückt ist, ist eng verwandt mit der alten Vorstellung „Alles ist Nichts". Heute kann man diesen Gedanken schärfer fassen in Gestalt der Arbeitshypothese, *daß die Materie ein Erregungszustand einer dynamischen Geometrie ist.* Was bedeutet diese Hypothese, und was sind ihre Folgen? Man stellt damit die Frage, wie es heute um die von EINSTEIN erhoffte rein geometrische Naturbeschreibung steht.

§ 2. Zu Hause bei EINSTEIN

Meine Worte sind nicht nur von dem Geist EINSTEINs inspiriert, sondern auch von seiner persönlichen langjährigen Anwesenheit in der stillen Universitätsstadt in New Jersey. Wie könnte ich seine Güte vergessen, als er mit mir, dem unbekannten Neuling in Princeton, in seinem Hause ernsthaft über Physik diskutierte? Unter anderen Erinnerungen an dieses erste Zusammentreffen und an spätere Diskussionen bleibt mir besonders tief der Eindruck von Einsteins Bewunderung für Newton und Newtons Einsicht und Mut. Wie Einstein wiederholt betonte, war sich Newton wohl besser als seine Zeitgenossen der philosophischen Schwierigkeiten bewußt, die mit seinen Begriffen des absoluten Raumes, der absoluten Zeit und der absoluten Beschleunigung verbunden waren. Trotzdem hatte er den Mut, das damals unlösliche Problem der Bewegung in zwei Teile zu trennen. Überdies machte er den Trennschnitt an der richtigen Stelle. Er übergab den künftigen Forschern alle tieferen Fragen über das Wesen des Bezugssystems. Indem er die absolute Beschleunigung als einen Begriff jenseits weiterer Erklärung hinnahm, suchte er diejenigen Probleme hervor, die zu seiner Zeit formuliert und gelöst werden konnten. Er hatte aber nicht nur Mut, sondern auch Einsicht: die Einsicht, einen brauchbaren Weg zu finden, um mit der damals vorhandenen Physik weiterzukommen.

Weitere Diskussionen mit Einstein handelten von dem Wesen der Elektrizität, von der Fernwirkung und von der berühmten Auseinandersetzung zwischen Einstein und Ritz über die Irreversibilität der Strahlung. Eines Tages lud Einstein freundlicherweise meine Schüler und mich zum Tee. Als wir um seinen Teetisch saßen und der eine ihn nach seinen Ansichten über Kosmologie fragte, der andere Fragen über seine letzten Versuche einer vereinheitlichten Feldtheorie vorbrachte, und zwei oder drei andere noch weitere Punkte berührten, da konnte ich sehen, wie die Augen dieser jungen Leute auf Einstein gebannt waren. Wer unter ihnen war nicht gefesselt von seiner Offenheit, seiner Höflichkeit, seinem Humor, von seiner wunderbar klaren Ausdrucksweise, seinem herzlichen Lachen von fast kindhafter Freiheit und Unschuld, dem Ausdruck seines Gesichtes mit dem wallenden Haar, wie ein lebendiger Holzschnitt Albrecht Dürers?

§ 3. Einstein und das Quantenprinzip

Zwischen Einstein und Bohr fand in Princeton eine der großen Auseinandersetzungen aller Zeiten statt, über die physikalische Deutung des Quantenprinzips, die durch Bohrs berühmte Beschreibung wohlbekannt ist. Keiner der beiden konnte den anderen überzeugen. Warum sollte ich dann bei einer anderen Gelegenheit geglaubt haben, Einstein nicht nur von der Richtigkeit, sondern auch der Einfachheit und Schönheit des Quantenprinzips überzeugen zu können? Feynman hatte damals als seine Princetoner Doktorarbeit seine bekannten Summen und Integrale ausgearbeitet. Ich hatte seine Resultate von Woche zu Woche mit Bewunderung und Freude verfolgt.

Als ich den Gedankengang erklärte, hörte Einstein vielleicht zwanzig Minuten ruhig zu und machte ab und zu eine interessierte Bemerkung. Schließlich kam ich zu dem, wie ich hoffte, entscheidenden Argument. Ich erwähnte, daß trotz des von Schrödingers Wellenmechanik so verschiedenen Aussehens der Feynmanschen Integrale, diese Formulierung mathematisch der Schrödingerschen genau äquivalent ist. Zum Schluß betonte ich, daß sich niemand eine einfachere und schönere Weise denken könnte, als die von Feynman gefundene, in einem Sprung von der klassischen Physik auf den Kern und die unwiderlegbaren Folgerungen der Quantenphysik überzugehen. ,,Finden Sie nicht diese Darstellung der Quantenmechanik sehr attraktiv, Professor Einstein''? Einstein antwortete mit seinem gewöhnlichen Wohlwollen für die Ideen anderer. Jedoch gestand er, daß er sich selbst nicht dazu bringen könne, das so wichtige Wahrscheinlichkeitsprinzip der Quantentheorie zu akzeptieren, ob es nun auf die Feynmansche oder andere Weise ausgedrückt ist: ,,Gott würfelt nicht.'' Ich muß versucht haben, meine Verteidigung der Quantentheorie fortzusetzen, denn ich erinnere mich, wie Einstein lachte ,,Ich habe mir das Recht verdient, Fehler zu machen''. Ich fürchte leider, daß die meisten von uns mit ihm übereinstimmen müssen: Er *hatte* dieses Recht verdient — aber seine Stellung zum Quantenprinzip *war* verfehlt! Wie eindrucksvoll hat er trotzdem seinen Standpunkt vertreten! Ich erinnere mich an die letzte Vorlesung, die ich von ihm gehört habe, wobei er fragte „Wenn eine Maus das Weltall anschaut, ändert das dann den Zustand des Weltalls?"

§ 4. EINSTEINs Geometrodynamik

EINSTEINs Fehler sind unwichtig, seine Leistungen sind wichtig. Und keine Entdeckung, die er, oder irgend jemand anderer, je gemacht hat, bedeutet einen größeren Fortschritt unseres Verständnisses von Raum, Zeit und Gravitation, als EINSTEINs geometrische Deutung der Gravitation, die er dieser Akademie der Wissenschaften vor 50 Jahren vorgelegt hat. Er erklärte dabei, daß die Geometrie unserer physikalischen Welt eine dynamische Geometrie ist, und er leitet das Gesetz der zeitlichen Veränderung der Geometrie ab. Um seine Hauptidee besser zu beschreiben als der bekannte Name „allgemeine Relativitätstheorie", können wir mit einem Wort sagen, was EINSTEIN geschaffen hat: Er gab uns die *Geometrodynamik*.

Anstelle des einzigen, starren Inertialsystems NEWTONs gibt uns die Einsteinsche Geometrodynamik eine unendliche Zahl lokaler Lorentz-Bezugssysteme, deren jedes in seinen eigenen Raumteilen Gültigkeit hat, und deren jedes mit den benachbarten Bezugssystemen mittels des bereits von GAUSS und RIEMANN erörterten Krümmungsbegriffs verbunden ist. Die Raumzeit-Geometrie steht nicht mehr hoch über dem Gefecht der Materie und Energie. Sie nimmt an dem Ringen teil. Die Geometrie befiehlt der Materie, wie sie sich bewegen soll, aber die Masse schreibt wiederum der Geometrie die Krümmung vor.

II. Folgerungen aus der Einsteinschen Geometrodynamik

§ 5. Bestätigungen der Relativitätstheorie

Keine Abweichung von den Voraussagen der allgemeinen Relativitätstheorie ist je gefunden worden. Im Gegenteil ist in den Experimenten von DICKE und ROLL beobachtet worden, daß Blei- und Aluminiummassen mit denselben Anfangswerten von Ort und Geschwindigkeit derselben Bahn folgen, in Übereinstimmung mit dem Prinzip der Äquivalenz von schwerer und träger Masse, auf dem EINSTEIN seine Theorie gründete. Tatsächlich bestätigen diese Beobachtungen mit einer größeren Genauigkeit als $1:10^{11}$ das Prinzip, daß verschiedene Probekörper gleicherweise auf die Raum-Zeit reagieren. Die umgekehrte Reaktion der Raum-Zeit auf die Masse ist auch geprüft worden: Die Krümmung der Geometrie in der Umgebung der Sonne, wie sie sich in der Präzession des Merkurperihels und in der Lichtablenkung zeigt, und in neuerer Zeit die Änderung der Geometrie auf der Erde, wie sie in dem Versuch von POUND und REBKA durch Nachweis der erwarteten Rotverschiebung in der Mössbauer-Linie des Fe^{57}-Kerns gefunden wurde.

§ 6. Die Dynamik der Geometrie

In EINSTEINs Beschreibung der Natur ist die Geometrie nicht nur die des gekrümmten Raumes, sie ist darüber hinaus dynamisch. Diese Dynamik brach unerwartet schon in dem sicher einfachsten Modell des Universums durch, einem sphärischen Raum, angefüllt mit inkohärenter Materie effektiv konstanter Dichte. FRIEDMANNs berühmte Voraussage, daß dieser sphärische Raum sich zuerst bis zu einer maximalen Größe ausdehnt und sich darauf zusammenzieht bis zum Kollaps, fand EINSTEIN zeitweilig zu erschreckend, um sie zu akzeptieren. Dann beobachtete HUBBLE die galaktische

Expansion und bewies damit schlagend diese vierte große Voraussage der Geometrodynamik.

Die Dynamik der Geometrie ist genauso wenig an die Materie gefesselt wie die Elektrodynamik an die Ladung. Wie EINSTEIN gezeigt hat, besitzt die Geometrie innere Freiheitsgrade. Die Geometrie transportiert Energie durch den leeren Raum. Solche Gravitationsstrahlung ist der Gegenstand einer der schönsten theoretischen Betrachtungen in diesem Dezennium. Mehr noch, WEBER an der Universität von Maryland unternimmt jetzt eine intensive Erforschung der natürlichen Gravitationsstrahlung, die aus dem Kosmos zu uns gelangen sollte. Ob man nun natürliche Strahlung nachweisen kann oder nicht, so will man doch einen künstlichen Generator von Gravitationsstrahlung konstruieren. Ein größerer Test von EINSTEINs Geometrodynamik wird ausgeführt, und andere werden folgen.

Die experimentelle Geometrodynamik hat wie die experimentelle Elektrodynamik einen datierbaren Anfang, aber kein Ende. Beide Zweige der Physik haben die Bestimmung, immer mehr zu wachsen.

§ 7. Alles als Geometrie?

So begeisternd diese Perspektiven sind, die durch die Theorie EINSTEINs eröffnet werden, so verblassen sie vor dem, was er lange Zeit erträumt hat: nämlich jede Erscheinung der physikalischen Welt als eine Eigenschaft des gekrümmten leeren Raumes zu betrachten. Er war bescheiden, als er diesen Traum schriftlich niederlegte: „ ... Es scheint nicht überflüssig zu sein, die Frage zu stellen, in welchem Ausmaß die Methode der allgemeinen Relativitätstheorie die Möglichkeit vorsieht, atomare Erscheinungen zu berechnen" und darauf — ebenfalls im Jahre 1935 — „ ... Ist eine atomistische Theorie von Materie und Elektrizität denkbar, die keine anderen Feldvariablen als die des Gravitationsfeldes und des elektromagnetischen Feldes im Sinne von MAXWELL benutzt, wobei sie Feldsingularitäten ausschließt"?

Wir wissen, daß derselbe Traum von CLIFFORD lebendiger, wenn auch nicht so scharf, schon 1870 ausgedrückt worden ist. Er nannte seine Vorlesung „Über die Raum-Theorie der Materie". Er identifizierte Teilchen mit Gebieten, wo — ähnlich Bergen — der Raum stärker gekrümmt ist als anderswo. Die Bewegung eines Teilchens ist nichts anderes als die Bewegung dieses Berges im Raum von einer Stelle zu einer anderen. Er schlug vor, daß „in der Physik nichts anderes stattfindet, als die Veränderung der Krümmung des Raumes". Wir wissen auch, daß CLIFFORD inspiriert worden ist durch RIEMANNs berühmte Vorlesung in Göttingen 1854. Darin faßte RIEMANN eine Verbindung von Physik und Raumkrümmung ins Auge, und zwar nicht nur in makroskopischen Entfernungen, sondern auch in mikroskopischen Dimensionen: „ ... es kann dann in jedem Punkte das Krümmungsmaß in drei Richtungen einen beliebigen Wert haben, wenn nur die ganze Krümmung jedes meßbaren Raumteils nicht merklich von Null verschieden ist".

EINSTEIN setzte so eine große Tradition fort, als er das Gesetz der dynamischen Entwicklung der Geometrie in der Zeit aufstellte. Für ihn war eine Türe offen, die für RIEMANN und CLIFFORD noch verschlossen war. Aus der speziellen Relativitätstheorie wußte EINSTEIN, daß die Gesetze der klassischen Physik — wenn sie in lokalen Feldgleichungen ausgedrückt werden — Raum und Zeit auf derselben Basis einbeziehen müssen.

§ 8. Die Bewegungsgleichungen der Teilchen

Zeit seines Lebens hat keine neue Entwicklung EINSTEIN so bestärkt in seinem Traum eines rein geometrischen Universums wie eine Entdeckung mit GROMMER, INFELD und HOFFMANN, daß die Bewegungsgleichungen eines Teilchens nicht als getrenntes Postulat eingeführt werden müssen, sondern statt dessen aus dem grundlegenden geometrodynamischen Gesetz selbst folgen.

Es ist genauso, wie wenn der Erforscher von Hurrikanen ein Gesetz für die Bewegung des Auges des Hurrikans und die gewöhnlichen Gesetze der Hydrodynamik für die normale Windbewegung hätte — und dann entdeckte, daß die Gesetze der Hydrodynamik für beide zuständig sind. Ebenso wie sich der Hurrikan als ein rein hydrodynamisches Phänomen entpuppt, legt es die Entdeckung von EGIH nahe, das Teilchen als eine rein geometrodynamische Erscheinung zu betrachten.

§ 9. Das Geon

EINSTEINs Todesjahr, 1955, brachte ein konkretes geometrodynamisches Modell eines mit Masse versehenen Objektes: Das Geon (Abb. 1). Ein Geon ist eine Ansammlung elektromagnetischer oder Gravitations-Strahlung, oder beider, die durch die eigene Gravitationskraft zusammengehalten wird. Es bewegt sich als Ganzes. Es übt Gravitationskräfte auf andere Massen aus. Jedoch nirgends im Innern könnte man seinen Finger hinlegen und behaupten „Hier sitzt die wirkliche Masse". Das Geon besteht aus leerem gekrümmten Raume und weiter nichts. Als Lösungen der Einsteinschen Gleichungen gibt es Geonen von weit verschiedener Größe: Keine charakteristische Größe von der Dimension einer Länge läßt sich aus den zwei physikalischen Konstanten G und c der klassischen Gravitationstheorie bilden.

§ 10. Schon vereinheitlichte Feldtheorie

Das Gravitationsfeld läßt sich geometrisch deuten, aber wie steht es mit dem elektromagnetischen Feld? Bis zuletzt arbeitete EINSTEIN an einer oder der anderen neuen Art von Geometrie oder „vereinheitlichter Feldtheorie", die sowohl Gravitation als auch Elektromagnetismus als Erscheinung der Raum-

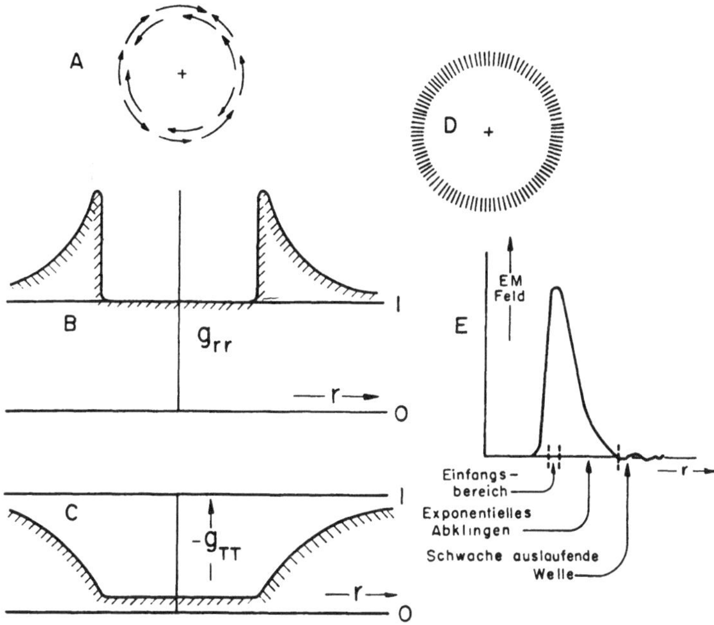

Abb. 1A—E. Die physikalischen Bedingungen innerhalb und in der Umgebung eines Geons. A Photonen laufen auf Kreisbahnen unter ihrer eigenen Gravitationsanziehung. B Der Radialfaktor in der Raumzeitmetrik. C Der Zeitfaktor in der Raumzeitmetrik. D Die elektromagnetischen Wellen in dem Einfangsbereich des Geon, schematisch dargestellt. E Genauere Darstellung des elektromagnetischen Feldes in dem Einfangsbereich zeigt, daß die eingefangene Strahlung langsam durch eine Brechungsindexschwelle hindurchsickert

zeitkrümmung einschließen sollte. Keiner dieser Versuche war befriedigend. Eine dieser Theorien hatte sogar zur Folge, daß ein geladenes Teilchen sich genauso bewegte, als wäre es elektrisch neutral. Kein Cyclotron könnte in solch einer Welt funktionieren. Glücklicherweise konnte MISNER, gestützt auf frühere Arbeiten von RAINICH, 1957, zeigen, daß die Einsteinsche Theorie von 1915 eine „schon vereinheitlichte Feldtheorie" im folgenden Sinne ist: Das Feld hinterläßt in der Raumkrümmung so spezifische Formen, daß man daraus fast immer alles Nötige über das elektromagnetische Feld herauslesen kann

(Abb. 2). Man braucht sich daher um das elektromagnetische Feld nicht zu kümmern, und kann alles Notwendige in der Geometrie allein zusammenfassen. Mathematisch gesprochen vereinigt man zwei Gleichungssysteme zweiter Ordnung, gekennzeichnet durch die Namen MAXWELL und EINSTEIN, zu einem Gleichungssystem vierter Ordnung. Dieser Gedankengang rechtfertigt die Deutung des elektromagnetischen Feldes

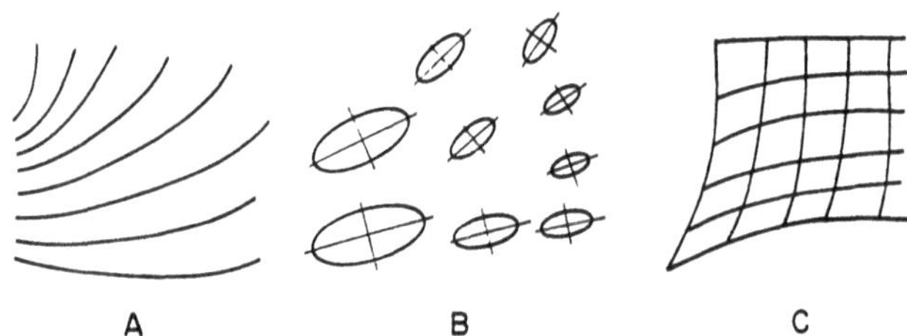

Abb. 2A—C. Die Spur, die das elektromagnetische Feld auf der Geometrie hinterläßt. A Das Feld. B Der Energie-Impuls Tensor, der von diesem Feld herrührt, und der seinerseits Masse aufweist und Krümmung verursacht. C Die Geometrie, die aus dieser Krümmung entsteht

als eine Erscheinungsform der Geometrie. Wenn man aber von grundsätzlichen Fragen zu praktischen Fragen übergeht, greift man auf die geläufigere doppelte Beschreibung von elektromagnetischen Feldern plus Geometrie zurück.

§ 11. Die topologische Interpretierung der Ladung

Andere bedeutende Schritte sind in der Geometrisierung der Physik unternommen worden. Das Konzept der wormholes oder Wurmlöcher interpretiert elektrische Ladung als elektrische Kraftlinien, die überall singularitätsfrei, aber gebunden sind durch die Topologie eines vielfach zusammenhängenden Raumes (Abb. 3). Wie das Geon ein geometrodynamisches Modell für die Masse ist, so ist das Wurmloch ein geometrodynamisches Modell für die Ladung. Es gibt nicht die geringste direkte Verbindung zwischen diesen streng klassischen Modellen der Ladung und den realen Teilchen,

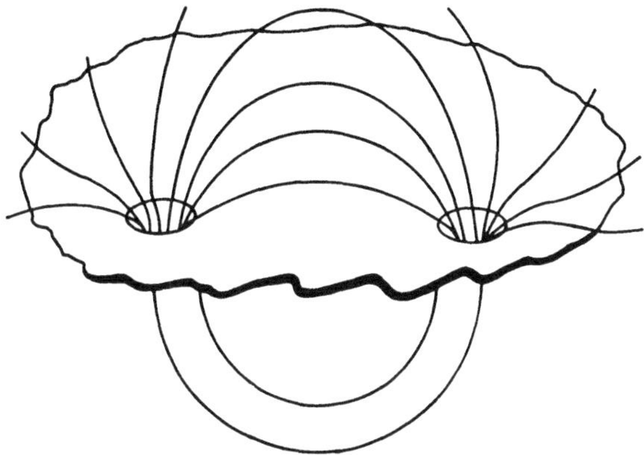

Abb. 3. Ladung in der klassischen Geometrodynamik als „elektrische Kraftlinien, die in der Topologie des Raumes gefangen sind". Das „Wurmloch" verbindet zwei Regionen eines sonst fast euklidischen Raumes, und nicht zweier verschiedener euklidischer Räume. Der Abstand der beiden Öffnungen des Wurmloches, einerseits durch den fast euklidischen Raum und andererseits durch das Wurmloch selbst, mag, erlaubt durch die Einsteinschen Feldgleichungen, selbst um Größenordnungen verschieden sein, auch wenn es in der Abbildung anders zu sein scheint. Die Geometrie (eine Dimension ist unterdrückt!) ist da der Einfachheit halber so dargestellt, als ob sie in einem flachen euklidischen 3-Raum eingebettet sei. Die dritte Dimension (der Abstand „weg" von der Geometrie) wird als ebenso unerreichbar betrachtet, wie es die Stratosphäre für eine auf der Erde kriechende Ameise ist. Ein Beobachter, ausgestattet mit einem Instrument von ungenügendem Auflösungsvermögen, sieht die eine Öffnung des Wurmloches als positive Ladung, die andere Öffnung als negative Ladung. Im Gegensatz zu diesem Bild von einzelnen identifizierbaren Wurmlöchern steht das quantenmechanische Bild einer submikroskopischen schaumartigen Wurmlochstruktur, die sich dauernd in Bewegung befindet

deren Eigenschaften durch das Wirkungsquantum bestimmt werden.

Elektrische Kraftlinien — selbst in geometrischen Ausdrücken beschreibbar — gehen durch ein „Wurmloch" oder „Henkel" eines vielfach zusammenhängenden Raumes. Die Umgebung einer Öffnung erscheint einem Beobachter mit geringem Auflösungsvermögen wie der Ort einer positiven Ladung, die andere Öffnung wie der einer negativen.

III. Der Superraum und die tiefere Struktur der Geometrodynamik

§ 12. Der Superraum als Wirkungsbereich der Geometrodynamik

Die weitgreifendsten Gedanken der Einsteinschen Theorie umfassen viel mehr als Bewegungsgleichungen, Gravitationswellen, schon vereinheitlichte Feldtheorie, und die topologische Auffassung der Elektrizität. Sie umfassen die Quantengeometrodynamik. Die Tür zu diesen neuen Gedanken öffnet der Begriff des Superraumes.

Der Superraum ist der Wirkungsbereich der Geometrodynamik, wie die Raum-Zeit der Wirkungsbereich der Teilchendynamik ist. Der Superraum ist gleichsam eine Bergspitze, von der wir die Theorie EINSTEINs, die Quantengeometrodynamik zusammen mit der klassischen Geometrodynamik wie eine Landschaft vor unseren Augen ausgebreitet sehen können. Wie schaut diese Landschaft aus? Welche Konstruktionen und Bauwerke lassen sich auf dieser Landschaft errichten? Und welche Mysterien verbergen sich in den Nebeln dahinter?

Jeder ist heute glücklicherweise schon längst mit der Hamilton-Jacobi-Theorie in der Dynamik vertraut. Sie gehört ganz zur Welt der klassischen Physik, und doch führt sie uns sofort in die Welt des Wirkungsquantums.

§ 13. Die Auswahl der erlaubten Entwicklungsgeschichte durch Interferenz aus dem Wirkungsbereich der Dynamik

Den Übergang vom Quantum zur Klassik sieht man am besten in der Theorie der Teilchenbewegung. Das Potential sei $V = V(x)$. Die Energie des Teilchens sei E. Es besteht dann nicht die geringste Hoffnung, die Bewegung des Teilchens in Raum und Zeit zu beschreiben. Man sieht das am besten in der halbklassischen Näherung der Wahrscheinlichkeitsamplitudenfunktion:

$$\psi_E(x, t) = \begin{pmatrix} \text{langsam sich ändernde} \\ \text{Amplitudenfunktion} \end{pmatrix} e^{\frac{i}{\hbar} S_E(x, t)} . \tag{1}$$

Auch wenn die Hamilton-Jacobi-Funktion S in vielen Fällen betragsmäßig viel größer als das Drehimpulsquantum $\hbar = 1,05 \times 10^{-27}$ g cm²/sec ist, hilft uns das nicht, die Wahrscheinlichkeitsverteilung zu lokalisieren. Uns hilft auch nicht, daß die „dynamische Phase" — um S einen anderen Namen zu geben — das einfache Hamilton-Jacobi-Fortpflanzungsgesetz befolgt:

$$-\frac{\partial S}{\partial t} = H\left(\frac{\partial S}{\partial x}, x\right) = \frac{1}{2m}\left(\frac{\partial S}{\partial x}\right)^2 + V(x). \tag{2}$$

Schließlich hilft es uns auch nicht, daß die Lösung dieser Gleichung für ein Teilchen mit der Energie E ganz einfach ist:

$$S(x, t) = -E t + \int^x \sqrt{2m(E - V(x))}\, dx + \delta_E. \tag{3}$$

Die Wahrscheinlichkeit ist eben noch immer überall ausgebreitet! Von einer Weltlinie $x = x(t)$ läßt sich nicht die geringste Spur finden!

Wellenpakete aus monochromatischen Wellen aufzubauen ist schon eine alte Idee und einfach zu verwirklichen. Die Wahrscheinlichkeitsfunktion ist nun eine Überlagerung von Termen etwa folgender Form:

$$\psi(x, t) = \psi_E(x, t) + \psi_{E + \Delta E}(x, t) + \cdots . \tag{4}$$

Praktisch überall erfolgt Auslöschung. Nur in jenem Gebiet, wo sich die Phasen der einzelnen Wellen nicht unterscheiden, tritt Interferenz auf, und daher lokalisiert sich dort das Paket. Dort gilt dann:

$$S_E(x, t) = S_{E + \Delta E}(x, t). \tag{5}$$

Endlich eine Weltlinie! (Abb. 4). Und wie leicht läßt sich doch aus dieser Interferenzbedingung der Newtonsche Bewe-

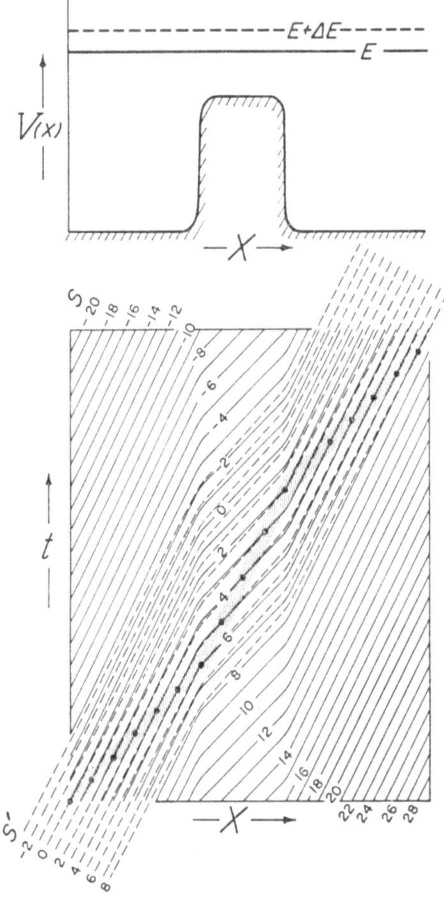

Abb. 4. „Bewegung" und „Weltlinie" eines Teilchens erscheinen in der Quantenmechanik als Folge einer Interferenz von Wellenzügen, die sich über den ganzen Raum ausbreiten. Oben: Potentielle Energie als Funktion des Abstandes für ein Modellbeispiel. Unten: Die mit den Zahlen $-20, -18, \ldots, 28, \ldots$ bezeichneten Linie sind die Wellenberge der Wahrscheinlichkeitsamplitudenfunktionen $\psi_E(x, t) \sim$ langsam veränderlicher Amplitudenfaktor $e^{i/\hbar\, S(x,t)}$ für die Energie E. Die gestrichelten Linien stellen dasselbe für die Energie $E + \Delta E$ dar. Die punktierte Fläche ist das Gebiet der Interferenz („Wellenpaket"). Die schwarzen Punkte markieren den Verlauf der klassischen Weltlinie
$$(S_{E+\Delta E} = S_E)$$

gungsablauf konstruieren:

$$0 = S_{E+\Delta E} - S_E$$

$$\Rightarrow 0 = -t\,\Delta E + \int^x \Delta p_E(x)\,dx + (\delta_{E+\Delta E} - \delta_E) \qquad (6)$$

$$\Rightarrow t = \int^x \frac{dx}{v_E(x)} + t_0 \quad \text{(Newton)}$$

Hier ist $v_E(x)$ die Geschwindigkeit an der Stelle x

$$\frac{\Delta \sqrt{2m(E-V)}}{\Delta E} = \frac{\Delta p_E}{\Delta E} \to \frac{\partial}{\partial E} \quad \text{(Impuls)}$$

$$= \frac{1}{v_E(x)} = \text{Zeit um die Einheitsstrecke zurückzulegen} \qquad (7)$$

und t_0 ist die Abkürzung für

$$\frac{\delta_{E+\Delta E} - \delta_E}{\Delta E} \to \frac{\partial \delta_E}{\partial E} \equiv t_0. \qquad (8)$$

Wunderbar, nicht die kleinste Spur eines Wirkungsquantums tritt in der endgültigen Lösung für die Bewegung auf. Trotzdem liefert das Wirkungsquantum die Rechtfertigung, um über „aufbauende Interferenz" sprechen zu können. Das Quantum tritt nur dann auf, wenn man die endliche Ausbreitung des Wellenpaketes berücksichtigt. Auf den Begriff einer Weltlinie hat man dann zu verzichten. Zur Bewegung eines Teilchens vom Anfang bis zum Ende trägt also eine ganze Gruppe von Bewegungsabläufen bei. So arbeitet die Quantenphysik wirklich!

§ 14. Drei Dimensionen, nicht vier

Ähnliche Betrachtungen wie oben sind auch in der Geometrodynamik anzustellen. Das dynamische Objekt ist nicht Raum-Zeit, sondern Raum. Die geometrische Konfiguration des Raumes ändert sich mit der Zeit. Aber es ist Raum, dreidimensionaler Raum, der sich ändert. Keine Überraschung! In der Teilchendynamik ist das dynamische Objekt nicht x *und* t, sondern nur x. Wie können wir das unseren

Freunden in der Welt der Mathematik erklären? Solange haben sie uns sagen hören, daß es die Ermangelung der vierten Dimension war, die RIEMANN hinderte, die allgemeine Relativitätstheorie zu entdecken. Zuerst mußte die spezielle Relativität, die Raum-Zeit und die vierte Dimension kommen. Wie hätte man sonst irgendeine Möglichkeit gehabt, Gravitation mit der Krümmung der Raum-Zeit zu verbinden?

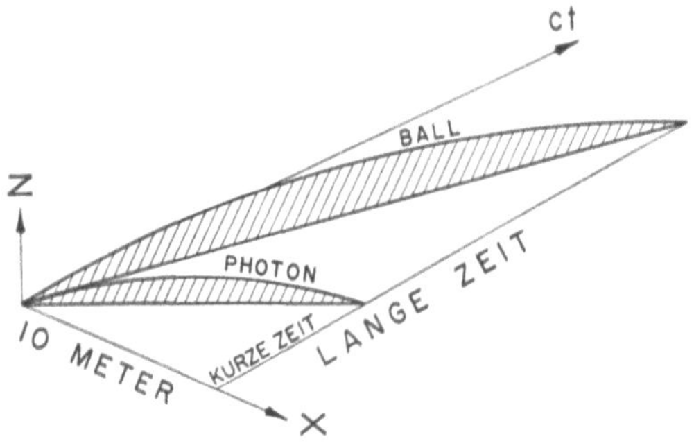

Abb. 5. Die Bahn eines Balles und die Bahn eines Photons haben durch den Raum (x, z-Fläche) sehr verschiedene Krümmungen, aber in der Raum-Zeit (x, z, ct) sind die Krümmungen vergleichbar

(Abb. 5). Wie kann nun ein Physiker unter diesen Voraussetzungen seine Meinung ändern und eine Dimension „zurücknehmen"? Die Antwort ist einfach. Arbeiten aus über einem Jahrzehnt von DIRAC, BERGMANN, SCHILD, PIRANI, ANDERSON, HIGGS, ARNOWITT, DESER, MISNER, DeWITT und anderen haben uns gezeigt, nach Überwindung vieler Schwierigkeiten, daß EINSTEINs Geometrodynamik die Dynamik einer 3-Geometrie und nicht einer 4-Geometrie beschreibt[1, 2].

Was ist eine 3-Geometrie? Um die Frage zu vereinfachen, sei sie in ein alltägliches Bild umformuliert. Was ist eine 2-Geometrie? Nichts veranschaulicht eine 2-Geometrie klarer als ein Kotflügel eines Autos. In welcher Weise man auch immer Koordinaten auf seine Oberfläche malt, oder Punkte auf ihn bezeichnet, der Kotflügel behält dieselbe 2-Geometrie bei. Ähnliches gilt für eine 3-Geometrie. Mathematisch ausgedrückt, ist eine $^{(3)}\mathfrak{G}$ nicht eine positiv definite 3×3-Metrik, sondern eine *Äquivalenzklasse* solcher Metriken, die diffeomorph ineinander transformierbar sind. Bloß überflüssiges Gepäck, ist nicht nur der richtige Ausdruck für die Raumpunkte, sondern auch für deren Koordinaten sowie für die Metrik, die den Abstand eines Punkts von seinen Nachbarpunkten bestimmt. So wirklich und greifbar wir den Begriff der 2-Geometrie des Kotflügel vor uns haben, so nimmt der Begriff einer 3-Geometrie an sich in unserer Vorstellung Gestalt an. Nieder mit den „Punkten", es lebe die „Geometrie"!

§ 15. Der Superraum als echte Mannigfaltigkeit

Hinter dem Konzept der Geometrie erhebt sich ein neuer Begriff, der des Superraumes [3]. Der Superraum ist eine Mannigfaltigkeit, deren einzelne Elemente jeweils eine ganze 3-Geometrie repräsentieren (Abb. 6). Eine 3-Geometrie steht auf halbem Wege zwischen Punkt und Superraum: Aus dem Begriff des Punktes durch Abstraktion hervorgegangen, zählt doch jede Raumgeometrie ihrerseits nur als Einzelpunkt im Superraum.

Der Superraum ist der Wirkungsbereich der Geometrodynamik, wie es die Lorentz-Minkowskische Raum-Zeit für die Teilchendynamik ist (Tabelle 1). Die momentane Konfiguration eines Teilchens ist ein Ereignis, ein einzelner Punkt in der Raum-Zeit. Die momentane Konfiguration des Raumes ist eine 3-Geometrie, ein einzelner Punkt im Superraum.

Ist der Superraum eine echte Mannigfaltigkeit? Seine Konstruktion ist einfach genug: Eine 3-Geometrie sei „Punkt" genannt und alle solche Punkte seien betrachtet. Aber warum sollen wir unsere Betrachtungen nur auf 3-Geometrien mit positiv definiter Metrik beschränken? Bauen wir daher einen „erweiterten Superraum"; 3-Geometrien seien „Punkte" ge-

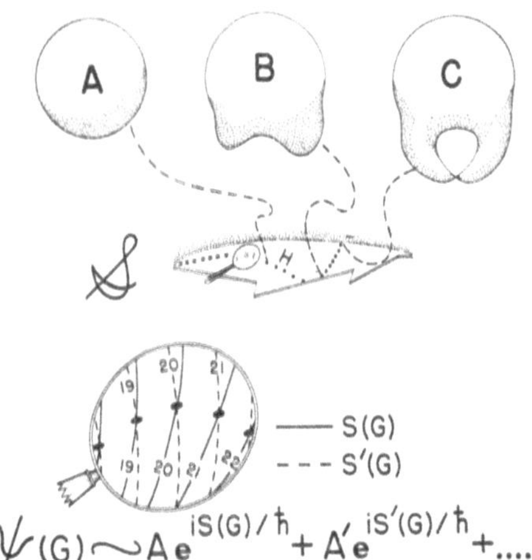

Abb. 6. Der Superraum $\mathscr{S}$ ist die Mannigfaltigkeit, in der jeder „Punkt" $A, B, \dots$ eine Abkürzung für eine 3-Geometrie darstellt. Eine Teilmannigfaltigkeit stellt der „klassische Bewegungsablauf der Geometrie im Raum" dar, wenn der Raum mit bestimmten dynamischen Anfangsbedingungen begonnen hat. Mit anderen Worten, H besteht aus all jenen raumartigen 3-Geometrien, die man als Schnitte einer bestimmten 4-Geometrie (sie soll EINSTEINs klassischen Feldgleichungen genügen) erhält. Die 3-Geometrien von H mögen von anderen 3-Geometrien dadurch unterschieden werden, daß erstere die Interferenz Bedingung $S({}^{(3)}\mathscr{G}) = S'({}^{(3)}\mathscr{G}) = S''({}^{(3)}\mathscr{G})$ erfüllen. Im unteren vergrößerten Ausschnitt sieht man ein Zusammentreffen von „Wellenbergen" im Superraum. Das Wellenpaket in der Quantentheorie ist nicht mit beliebig kleiner Breite lokalisierbar. Auch im Superraum hat die Wahrscheinlichkeitsamplitude ψ neben den klassischen Bewegungsabläufen H der 3-Geometrien nichtverschwindende Werte in einigem Abstand davon; daher treten „Quantenschwankungen in der Geometrie des Raumes" auf (symbolisch wird das detaillierter in Abb. 8 gezeigt)

nannt, auch wenn die Signatur nicht $+++$ ist. Die Gesamtheit dieser „Punkte" sei betrachtet. Hat das entstehende mathematische Objekt eine vernünftige Topologie? Ist es noch eine richtige Mannigfaltigkeit? Nein! In einer echten Mannigfaltigkeit hat jeder Punkt eine Umgebung, die homöomorph zu einer offenen Menge eines Banach-Raumes ist, und zwei verschiedene Punkte haben eine getrennte Umgebung. Nicht

Tabelle 1. *Geometrodynamik verglichen mit Teilchendynamik*

	Teilchen	Geometrodynamik
Dynamische Größe	Teilchen	Raum
Beschreibung der momentanen Konfiguration	x, t („Ereignis")	$^{(3)}\mathfrak{G}$ 3-Geometrie
Bewegungsablauf	$x = x(t)$	$^{(4)}\mathfrak{G}$ 4-Geometrie
Ist der Bewegungsablauf eine Folge von Konfigurationen?	Ja. Jeder Punkt der Feldlinie stellt eine momentane Konfiguration des Teilchens dar	Ja. Jeder raumartige Schnitt durch eine $^{(4)}\mathfrak{G}$ ergibt eine momentane Konfiguration des Raumes
Wirkungsbereich der Dynamik	Raum-Zeit (Gesamtheit aller x, t Punkte)	Superraum (Gesamtheit aller $^{(3)}\mathfrak{G}$)

so hier. In einer wichtigen Untersuchung hat MICHAEL STERN [4] gezeigt, daß zu jedem Punkt des erweiterten Superraumes ein anderer Punkt existiert, verschieden von ihm, und trotzdem nicht isolierbar von ihm durch offene Mengen. Daher ist der erweiterte Superraum kein Hausdorffscher Raum und keine Mannigfaltigkeit. Man kann ihn kaum als akzeptierbaren Wirkungsbereich der Dynamik betrachten.

Der Superraum hingegen hat eine Hausdorffsche Topologie, wie STERN gezeigt hat. Zufolge diesen mathematischen Betrachtungen ist der *Superraum der geeignete Wirkungsbereich für die Geometrodynamik.*

Physikalische Überlegungen kommen zum selben Ergebnis. Die Forderung, daß die 3-Geometrie eine positiv definite Metrik haben soll, garantiert, daß kein Lichtstrahl diese 3-Geometrie durchqueren kann. Kein physikalischer Effekt kann sich im Raum von einem Punkt zum anderen fortpflanzen. Eine physikalische Größe lokal zu einem Punkt und die physikalische Größe eines anderen Punktes haben keine gegenseitige Kopplung. Sie kommutieren. Solche

2*

Größen können gleichzeitig über die ganze 3-Geometrie definiert werden. Kein einfacheres Beispiel einer „vollständigen Beobachtung" existiert in der Quantengeometrodynamik. Eng damit verbunden ist das Anfangswertproblem der klassischen Geometrodynamik.

„Beobachtung"? Beinhaltet nicht eine Beobachtung einen Beobachter? Gibt es einen Beobachter, müßte er nicht auf jedes Ereignis in seinem Vergangenheitslichtkegel reagieren? Und folgerichtig, liefert nicht dieser Vergangenheitslichtkegel mit seiner $++0$ Metrik die geeignete Geometrie, auf der man physikalische Bedingungen festlegen kann? Nein, aus zwei Gründen. Erstens, auch wenn man die Geometrie am Vergangenheitslichtkegel vollständig weiß, genügt es noch nicht, die Zukunft der Geometrie mittels EINSTEINs Feldgleichungen voraussagen zu können. Kann man innerhalb des Vergangenheitslichtkegels die 4-Geometrie bestimmen? Ja. [5] Außerhalb — zur Zukunft? Nein. Der Bereich der Zukunft wird auch außerhalb beeinflußt, ohne daß diese Einflüsse jemals den Lichtkegel berühren. „Demidynamik" — Voraussage in die Vergangenheit — kann man machen. Vollständige Dynamik aber nicht. Der Fehler liegt in der Wahl der Anfangswert-Hyperfläche. Der Kegel schafft eine unsymmetrische Scheide zwischen Vergangenheit und Zukunft. Wie ist sie doch verschieden von einer raumartigen Anfangswert-Hyperfläche, deren Angabe eine Voraussage des vollständigen geometrodynamischen Ablaufes, Vergangenheit wie Zukunft, zuläßt.

Zweitens wurde das ursprüngliche Argument, als solle man einen „Lichtkegel, konvergierend auf den Beobachter" betrachten, falsch interpretiert. Der „Beobachter" der dynamischen Theorie ist nicht und kann nicht ein einzelner Ereignisempfänger sein, weder in der speziellen Relativitätstheorie noch in der allgemeinen Relativitätstheorie. An Stelle dessen „sammelt er die ausgedruckten Daten" [6] einer Anzahl von Empfängern, die dicht verteilt sind. Ein jeder dieser Empfänger ist nur für einen Augenblick empfindlich. Diese Augenblicke der Empfindlichkeit haben eine raumartige Beziehung zueinander. Zusammen definieren sie eine raumartige Hyperfläche, eine „Gleichzeitigkeit", eine Art rudimentäre „Zeit"-Variable, die vielleicht nicht näher definiert ist, und die sicherlich nicht näher bezeichnet zu werden braucht. Im Moment der Empfindlichkeit reagiert jeder Detektor (Empfänger) auf seine entsprechende Meßgröße: Teilchennähe in der Teilchenphysik, lokale Feldstärke in der Elektrodynamik, lokale Geometrie in der Geometrodynamik. Welche dynamische Wesenheit auch immer, die Messungen können nur dann einer dynamischen Theorie dienen, wenn die Detektoren eine raumartige Hyperfläche aufspannen.

Fassen wir zusammen: Wo soll man dynamisch vollständige Anfangswerte angeben? Auf einer raumartigen 3-Geometrie, aber nicht auf einer Null-3-Geometrie. Welche „Punkte" gehören zu einem topologisch akzeptierbaren Wirkungsbereich der Geometrodynamik? Raumartige 3-Geometrien, aber nicht Null-3-Geometrien. Welch bemerkenswerte Beziehung zwischen Dynamik und Topologie!

§ 16. Wellenpaket im Superraum und seine Fortpflanzung

Soviel über die dynamische Größe, Raum; und über den Wirkungsbereich seiner Dynamik, dem Superraum. Kommen wir zur Dynamik selbst. Eine typische Wahrscheinlichkeitsamplitudenfunktion ist über den ganzen Superraum ausgebreitet. Daher läßt sich keine Spur einer Dynamik erblicken. Das ist keine Überraschung, denn bereits in der klassischen Theorie ist die Hamilton-Jacobi-Funktion $S\,(^{(3)}\mathcal{G})$ über die gesamte Mannigfaltigkeit ausgebreitet. Die „dynamische Phasenfunktion" der klassischen Geometrodynamik gibt ferner in einer halbklassischen Näherung sofort die tatsächliche Phase von ψ nach der Formel

$$\psi\,(^{(3)}\mathcal{G}) = \begin{pmatrix} \text{langsam veränderliche} \\ \text{Amplitudenfunktion} \end{pmatrix} e^{\frac{i}{\hbar} S(^{(3)}\mathcal{G})} \qquad (9)$$

Hinweis genug, daß sowohl ψ als auch S nicht lokalisiert sind. Die Dynamik wird erst dann klar ersichtlich, wenn man genug solcher ausgebreiteter Wahrscheinlichkeitsamplitudenfunktionen überlagert, um ein lokalisiertes Wellenpaket daraus aufzubauen [8, 9]:

$$\psi = c_1\,\psi_1 + c_2\,\psi_2 + \cdots. \tag{10}$$

Dort wo die Phasen einiger individueller Wellen übereinstimmen, tritt Interferenz auf [10]:

$$-S_1({}^{(3)}\mathcal{G}) = S_2({}^{(3)}\mathcal{G}) = \cdots. \tag{11}$$

Die 3-Geometrien, die mit dieser Interferenzbedingung verträglich sind, bilden den klassischen geometrodynamischen Bewegungsablauf des Raumes (Abb. 6): wunderbarerweise kann man jede 3-Geometrie, die dieser Interferenzbedingung genügt, als raumartigen Schnitt einer bestimmten 4-Geometrie erhalten. Mehr noch, diese 4-Geometrie erfüllt die zehn Einsteinschen Feldgleichungen. Mit anderen Worten, *man braucht zusammen mit dem Interferenzprinzip nur noch die eine Gleichung von* HAMILTON-JACOBI *für die ,,dynamische Phase``* $S({}^{(3)}\mathcal{G})$, *um die ganze klassische Geometrodynamik zu erhalten. Der Beweis dieser Feststellung wurde durch* GERLACH [11] *bekanntgegeben.*

Die Hamilton-Jacobi-Gleichung taucht in der Literatur erstmals explicit bei PERES [12] auf, in einer grundlegenden Arbeit über den Hamilton-Formalismus der Geometrodynamik [13],

$$g^{-1}\left(g_{ik}\,g_{jl} - \tfrac{1}{2}\,g_{ij}\,g_{kl}\right)\left(\frac{\delta S}{\delta g_{ij}}\right)\left(\frac{\delta S}{\delta g_{kl}}\right) + {}^{(3)}R = 0. \tag{12}$$

Die g_{ij} sind die Koeffizienten der Metrik auf der 3-Geometrie und g ist die Determinante dieser Koeffizienten. Die Größe ${}^{(3)}R$ ist die innere skalare Krümmungsinvariante der 3-Geometrie. Die Hamilton-Jacobi-Funktion hängt nur von der 3-Geometrie ab und nicht davon, wie diese 3-Geometrie durch die Metrikkoeffizienten eines bestimmten Koordinatensystems bestimmt ist. In (12) wird S jedoch so behandelt, als ob es von den Metrikkoeffizienten einzeln abhängig wäre $S = S$

$(g_{11}, g_{12}, \ldots, g_{33})$. Unter dieser Annahme stellt dann $\delta S/\delta g_{ij}$ die funktionelle Ableitung von S in bezug auf Änderungen in den Funktionen $g_{ij}(x, y, z)$ dar. Die Tatsache, daß letztlich die Koordinaten keine Rolle mehr spielen, läßt sich in einer symbolischen Schreibweise der Gl. (12) ausdrücken,

$$\boxed{\left(\frac{\nabla S}{\delta\,^{(3)}\mathscr{G}}\right)^2 + {}^{(3)}R = 0}\,. \tag{13}$$

Diese „Einstein-Hamilton-Jacobi"-Gleichung enthält die ganze klassische Geometrodynamik in jenen Gebieten, wo keine „echten" Masse-Energiequellen vorhanden sind. Diese eine Gleichung trägt auch den gesamten Inhalt der zehn Einsteinschen Gleichungen in sich. Ähnlich wie bei den Einsteinschen Gleichungen hat man die Aussagen dieser Gleichung mit der Erfahrung überprüft und wird diese auch weiterhin überprüfen. Eine Weltlinie hat in der einfachsten Version der Teilchenphysik eine einfache Bedeutung. Sie ist die Aneinanderreihung von Punkten (x, t), die alle die Interferenzbedingung erfüllen. Es gibt da ∞^1 solcher Punkte auf einer Weltlinie, wenn wir uns dieser etwas oberflächlichen Zählweise bedienen. Die Dynamik hebt diese Punkte heraus und bevorzugt sie aus der Menge der ∞^2-Punkte, die den Wirkungsbereich der Teilchendynamik bilden. Eine ähnliche Bedeutung hat die 4-Geometrie in der Geometrodynamik. Sie ist die Aneinanderreihung all jener 3-Geometrien, die die Interferenzbedingung erfüllen. Es gibt ∞^{∞^3} dieser 3-Geometrien, die man auf die eine oder andere Weise mittels eines raumartigen Schnittes durch eine 4-Geometrie erhält:

$$t = t(x, y, z)$$

daher ∞^3 (x, y, z) Punkte

und ∞^1 Möglichkeiten für t zu jedem dieser Punkte

und daher zusammen ∞^{∞^3} Möglichkeiten einer 3-Geometrie.

Klassische Geometrodynamik hebt diese 3-Geometrien heraus und bevorzugt sie aus der unendlich größeren Menge aller 3-Geometrien, die man im Wirkungsbereich der Geometrodynamik findet. Dieser Wirkungsbereich, Superraum genannt, enthält $(\infty^3)^{\infty^3}$ 3-Geometrien, deren Zahl man am einfachsten folgendermaßen bestimmt:

∞^3 Punkte und zu jedem Punkt 3 Diagonalkomponenten der Metrik, wenn man ein Koordinatensystem wählt, in dem die Metrik diagonal ist. Daher hat man ∞^3 mögliche Metriken pro Raumpunkt und das gibt zusammen $(\infty^3)^{\infty^3}$ 3-Geometrien.

Bevor man in aller Vollständigkeit die zeitliche Entwicklung des Raumes beschreibt, holt man aus der Gesamtheit der vorstellbaren 3-Geometrien alle dynamisch erlaubten 3-Geometrien heraus. Das ist nichts Neues! Man weiß schon lange, daß die Zeit in der allgemeinen Relativitätstheorie eine „vielfingrige" Wesenheit hat. Die Hyperfläche, gezogen durch Raum-Zeit, um eine 3-Geometrie zu erhalten, läßt sich in der Zeitrichtung hier oder dort ein wenig verschieben, um so die eine oder andere neue 3-Geometrie zu erhalten. Zeit, so aufgefaßt, bedeutet nicht mehr und nicht weniger als die Lokalisierung einer 3-Geometrie in einer 4-Geometrie. In diesem Sinne wirkt die „3-Geometrie als Träger der Zeitinformationen" [14].

§ 16a. „Raum-Zeit" — ein Begriff von beschränkter Gültigkeit

Ein Kinderspielzeug kann aus einer Schachtel entfernt werden, nur um eine neue Schachtel zum Vorschein zu bringen — entfernt man diese, sieht man wieder eine neue Schachtel usw. bis schließlich Dutzende solcher Schachteln am Boden verstreut herumliegen. Umgekehrt kann man diese Schachteln auch wieder ineinander stecken, um die ursprüngliche Packung zu erhalten. Noch viel raffinierter sind die 3-Geometrien in eine 4-Geometrie eingepackt. Die Natur sorgt für keine monotone Anordnung. Zwei beliebig herausgegriffene dynamisch erlaubte 3-Geometrien werden sich normalerweise ein- oder mehrmals schneiden. Zerlegt man eine 4-Geometrie, bekommt man daher ungeheuer mehr

3-Geometrien „am Boden verstreut", als man sich vorgestellt hätte. Umgekehrt, wenn man all diese der Interferenzbedingung gehorchenden 3-Geometrien wieder zusammenfügt, bekommt man ein Gebilde, dessen Starrheit man sonst nicht erahnt hätte. Diese Starrheit kommt von der gegenseitigen unendlich vielfältigen Überschneidung und Überlappung klar definierter 3-Geometrien. Zusammenfassend kann man sagen:

i) die durch Gl. (11) erlaubten 3-Geometrien sind die Grund-Bausteine;

ii) ihre Zwischenverbindungen geben der 4-Geometrie ihre Existenz, ihre Dimensionalität [15] und ihre „magische Struktur";

iii) und in dieser Struktur hat jede 3-Geometrie ihre eigene starr fixierte Lokalisierung.

Wie verschieden ist das doch von der Lehrbuch-Auffassung der Raum-Zeit. Dort versteht man die Geometrie der Raum-Zeit als aus Elementarobjekten oder Punkten, den sog. Ereignissen aufgebaut. Hier, im Gegensatz dazu, ist die 3-Geometrie das Primäre und das Ereignis das Sekundäre: 1. Das Ereignis liegt auf der „Überschneidung" dieser und jener 3-Geometrien. ii) Seine zeitartige Beziehung zu irgendeiner anderen 3-Geometrie wird durch die Struktur der 4-Geometrie bestimmt, die sich ihrerseits wiederum von den Überkreuzungen aller anderen 3-Geometrien ableitet.

Ob man die 3-Geometrie als etwas Primäres und das Ereignis als einen abgeleiteten Begriff betrachtet, oder umgekehrt, spielt kaum eine Rolle, so lange man im Bereich der klassischen Geometrodynamik verweilt. Sehr wohl macht es einen Unterschied, wenn man sich der Quantengeometrodynamik zuwendet.

In der Quantengeometrodynamik gibt es so etwas wie eine 4-Geometrie nicht, und das hat einen einfachen Grund. Keine Wahrscheinlichkeitsamplitudenfunktion kann sich durch den Superraum als unendlich scharfes Wellenpaket fortpflanzen. Es fließt auseinander (Abb. 6). Es hat eine endliche Wahrscheinlichkeitsamplitude in einem Superraumbereich mit endlichem Maß. Dieser Bereich umfaßt eine Menge von 3-Geometrien, die zu umfangreich ist, um von irgendeiner 4-Geometrie aufgenommen werden zu können. Man kann diese Sachlage in verschiedener Weise ausdrücken. Man kann sagen, die Fortpflanzung im Superraum folgt nicht irgendeiner klassischen Entwicklungsgeschichte, sondern baut sich aus Beiträgen unendlich vieler solcher Geschichten auf. Diese Erweiterung des Feynmanschen Konzepts der „Geschichtesumme" fand bei MISNER [16] besondere Beachtung. Wie auch immer die Sache dargestellt wird, die Fakten sind klar. Die 3-Geometrien, die mit einer wesentlichen Wahrscheinlichkeitsamplitude auftreten, lassen sich nicht und können sich nicht in eine einzige 4-Geometrie einfügen. Die „magische Struktur" der klassischen Geometrodynamik existiert nicht länger. Ohne diesen Bauplan, der die 3-Geometrien mit Bedeutung miteinander in Beziehung bringt, verliert sogar der Begriff der „Zeitordnung von Ereignissen" jeden Sinn.

Diese Betrachtungen zeigen, daß die Begriffe „Raum-Zeit" und „Zeit" nicht primäre sondern sekundäre Ideen im Aufbau der physikalischen Theorie sind. Diese Begriffe sind in der klassischen Näherung gültig. Jedoch haben sie weder Bedeutung noch Anwendung unter jenen Umständen, wo quantengeometrodynamische Effekte wirksam werden. Dann muß man jene Betrachtungsweise der Natur fallen lassen, in der jedes Ereignis in Vergangenheit, Gegenwart oder Zukunft seinen vorbestimmten Platz im großen Katalog, „Raum-Zeit" genannt, einnimmt. Es gibt keine Raum-Zeit, keine Zeit, kein Vorher und kein Nachher. Die Frage „was geschieht als Nächstes" verliert jeden Sinn.

§ 17. Die Plancksche Länge und der Gravitationskollaps

Unter normalen Umständen treten diese ungewöhnlichen Folgerungen des Quantenprinzips niemals zutage. Die charakteristische Länge der Quantengeometrodynamik ist die Plancksche Länge $\sqrt{\hbar G/c^3} = 1,6 \times 10^{-33}$ cm. Verglichen damit sind alle praktischen Längeneinheiten einfach gigantisch. Gemessen an ihnen ist auch die quantenmechanische Ausdehnung des Wellenpaketes im Superraum vernachlässigbar klein. Man kann daher die dynamische Entwicklung der Geometrie im Rahmen der klassischen Geometrodynamik behandeln. Jene Geometrien, die eine von Null verschiedene Wahrscheinlichkeitsamplitude besitzen, können deshalb in guter Näherung so behandelt werden, als ob sie im Superraum einem Gebiet mit verschwindender Dicke angehörten. Die Anzahl der dieser beschränkten Menge angehörenden 3-Geometrien, ist genügend klein, um in eine einzige 4-Geometrie hineinzupassen. Ihre Anzahl ist genügend groß, um jeden denkbaren raumartigen Schnitt dieser 4-Geometrie zu erhalten. In dieser Näherung hat es Sinn, von der „klassischen geometrodynamischen Entwicklungsgeschichte des Raumes" zu sprechen. Während sich normalerweise die Dynamik der Geometrie klassisch behandeln läßt, versagt diese Methode in zwei Fällen: Einer davon ist der Gravitationskollaps, der andere die Behandlung der mikroskopischen quantenmechanischen Schwankungen in der Geometrie des Raumes sowie deren Konsequenzen für die Physik im allgemeinen.

Von allen Anwendungen der Quantengeometrodynamik scheint der Gravitationskollaps der nächstliegende zu sein [18]. Hier schrumpfen die Abmessungen des Systems, der allgemeinen Relativitätstheorie entsprechend, in einer endlichen Eigenzeit auf unendlich kleine Werte zusammen. Diese Erscheinung ist nicht nur auf den mit Materie erfüllten Raum beschränkt. Sie tritt auch in dem die Materie umgebenden Raum auf. Nach einer endlichen Eigenzeit wächst die berechnete Krümmung ins Unendliche. Die klassische Theorie ist dann außerstande, weitere Voraussagen zu machen. Tatsächlich, die klassischen Betrachtungen versagen schon vorher. Eine Voraussage, die unendlich ist, ist keine Voraussage. Das Wellenpaket im Superraum kann nicht der klassischen Entwicklung folgen, wenn die geometrischen Abmessungen kleiner werden als die quantenmechanische Ausdehnung des Wellenpaketes. Das ist keine neue Erscheinung! Überall in der Physik kann man Beispiele zeigen, wo Wellen in Gebieten wechselwirken, deren Abmessungen klein verglichen mit der Wellenlänge sind. Das Resultat ist Streuung oder Beugung. Man spricht von einer Wahrscheinlichkeit für dieses oder jenes Ergebnis der Wechselwirkung. Photonen, Phononen, oder was immer man betrachtet, treten auf der einen Seite ein und treten in einer anderen Richtung wieder aus. Vor und nach der Wechselwirkung mag der Begriff der determinierten Weltlinie angebracht sein. Während der Wechselwirkung hingegen ist es unangebracht. Der Begriff einer determinierten Entwicklung der Geometrie, eine wohldefinierte 4-Geometrie, ist für die Anfangsphase des Gravitationskollapses sinnvoll, hat aber in der entscheidenden Phase keine Berechtigung mehr. „Raum-Zeit" ist dort nicht-existent, „Ereignisse" und „Zeitfolge von Ereignissen" sind Begriffe ohne Bedeutung, und die Frage „was geschieht nach der endgültigen Phase des Gravitationskollapses", ist eine falschgestellte Frage.

Die richtige Behandlung der Frage befaßt sich mit der Fortpflanzung der Wahrscheinlichkeitsamplitude $\psi\,(^{(3)}\mathscr{G})$ im Superraum. Die halbklassische Behandlung der Fortpflanzung (Gl. 9, 13) ist bis auf die letzte Phase des Gravitationskollaps hinreichend. Dann aber hat man, wie im grundlegenden Problem der Streuung, auf die genaue Behandlung der Wellengleichung selbst zurückzugehen. Wie stellt man nun die richtige Frage an die Mathematik? In der Physik hat man im Falle der Streuung durch lange Erfahrung gelernt, die richtige Frage zu stellen. Hätte jedoch jemand nicht diese physikalische Erfahrung gehabt, wäre er doch aus der mathematischen Formulierung heraus auf einfallende ebene Wellen, ausgehende Kugelwellen und Ähnliches mehr zu sprechen gekommen. Ähnlich auch in der Quantengeometrodynamik, wo man doch so viel weniger Erfahrung besitzt. Der mathematische Formalismus selbst muß die endgültige Richtschnur sein, wie man die grundlegende Frage im Falle des Gravitationskollapses zu stellen und zu beantworten hat!

IV. Quantenschwankungen und Teilchenstruktur

§ 18. Quantenschwankungen in der Geometrie des Raumes

Die andere wichtige Anwendung der Quantengeometrodynamik sind die „Quantenschwankungen der Geometrie des Raumes". Welch seltsame Wortkombination! Schwankungen sind wohlbekannt. Der Ausdruck „Quantenschwankung" hat eine tiefere Bedeutung. Man versteht darunter eine Bewegung, die man niemals auch bei noch so tiefer Temperatur ausfrieren kann. Solche Schwankungen sind allgemein. Im Wasserstoffmolekül etwa schwanken sowohl der Abstand als auch der relative Impuls der beiden Atome dauernd. Gleichzeitige Fixierung der beiden Größen würde das Unschärfeprinzip verletzen. Im Vakuum der Elektrodynamik schwanken sowohl das elektrische als auch das magnetische Feld. Würden beide dieser dynamisch konjugierten Feldvariabeln verschwinden, wäre wieder die Unschärferelation verletzt. Das gilt auch für die Quantengeometrodynamik. Die konjugierten Variabeln sind hier die „innere Krümmung" des dreidimensionalen Raumes und die „äußere Krümmung", die angibt, wie dieser Raum relativ zu einer ihn umhüllenden 4-dimensionalen Geometrie gebogen ist. Beide dynamische Größen können nicht gleichzeitig verschwinden, ohne HEISENBERGs Unschärferelation zu verletzen. Daher ist der Raum in der Größenordnung der Quantenlängen der Ort lebendigster Geometrodynamik, wie auch dort die elektromagnetischen Feldgrößen lebhaftesten Schwankungen unterworfen sind.

Keine Voraussage der Quantenelektrodynamik konnte eindrucksvoller nachgewiesen werden, als jene der Vakuumschwankungen des elektrischen Feldes. Ihr störender Einfluß auf die Bewegung des Elektrons macht den größten Teil der Lamb-Verschiebung aus [19] (Abb. 7).

Um zahlenmäßig die Schwankungen der Geometrie angeben zu können, läßt man sich durch die Beispiele des Oszillators und der Elektrodynamik leiten. Beim Oszillator

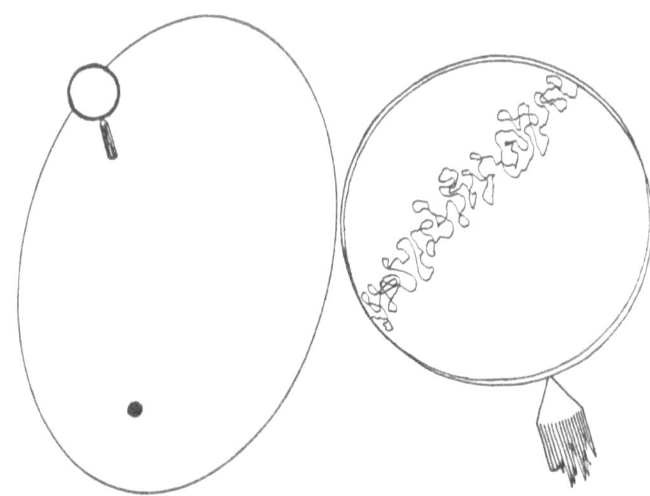

Abb. 7. Symbolische Darstellung der Elektronbewegung im Wasserstoffatom, die durch die Schwankungen des elektrischen Feldes im Vakuum beeinflußt werden. Man nennt sie „Vakuum", „Grundzustand" oder „Nullpunkt"-Schwankungen. Das dieser Schwankung zugeordnete elektrische Feld $E_x(t) = \int E_x(\omega)\, e^{-i\omega t} d\omega$ verursacht in einer sehr einfachen Näherung die Verschiebung $\Delta x = \int \frac{e}{m\,\omega^2} \times E_x(\omega)\, e^{-i\omega t} d\omega$. Das Mittel verschwindet, der quadratische Mittelwert jedoch nicht. Das auf das Elektron wirkende Potential wird sich daher um den Wert $\Delta V(x, y, z) = \frac{1}{6}\langle(\Delta x)^2\rangle\, \nabla^2 V(x, y, z)$ vom Erwartungswert $V(x, y, z)$ unterscheiden. Diese Störung, gemittelt über die ungestörte Bewegung, macht den größten Teil der Lamb-Retherford-Verschiebung $\Delta E = \langle \Delta V(x, y, z)\rangle$ aus. Umgekehrt wird durch die Beobachtung der Lamb-Verschiebung die Realität der Vakuum-Schwankungen augenscheinlich gemacht

haben wir folgenden Ausdruck für die Energie:

$$E = \left\langle \binom{\text{kinetische}}{\text{Energie}} + \binom{\text{potentielle}}{\text{Energie}} \right\rangle = \frac{p^2}{2m} + \frac{m\,\omega^2\,x^2}{2}$$

$$= \int \psi^*(x) \left[-\frac{\hbar^2}{2m} \frac{d^2}{dx^2} + \frac{m\,\omega^2\,x^2}{2} \right] \psi(x)\, dx. \tag{17}$$

Für eine Gausssche Wahrscheinlichkeitsverteilung $\psi(x)$ mit der Ausdehnung a

$$\psi(x) = \pi^{-\frac{1}{4}} a^{-\frac{1}{2}} e^{-x^2/2a^2} \tag{18}$$

bekommen wir folgenden Erwartungswert für die Energie

$$E = \tfrac{1}{4}\,\hbar^2/m\,a^2 + \tfrac{1}{4}\,m\,\omega^2\,a^2. \tag{19}$$

Wären Quanteneffekte nicht vorhanden, gäbe es keinen ersten Term. Die minimale Energie erhielte man dann, wenn der Oszillator im Ursprung in Ruhe wäre. In der wirklichen Welt der Quantenphysik jedoch hätte eine derart scharfe Lokalisierung einen beliebig großen Impuls und damit eine divergierende kinetische Energie [der erste Term in (19) würde divergieren] zur Folge. Die minimale Energie, $E = \tfrac{1}{2}\,\hbar\omega$, auch „Halbquanten"- oder „Nullpunkts"- oder „Schwankungs-Energie" genannt, erhält man für ein $a = \left(\dfrac{\hbar}{m\,\omega}\right)^{\tfrac{1}{2}}$, die Amplitude der Nullpunktschwingungen. Der Oszillator im Grundzustand

$$\psi(x) = (m\,\omega/\pi\,\hbar)^{\tfrac{1}{4}}\, e^{-(m\,\omega/2\hbar)\,x^2} \tag{20}$$

„resoniert" mit anderen Worten innerhalb eines Ortsbereiches mit der Ausdehnung

$$\sim \sqrt{\frac{\hbar}{m\,\omega}}\,.$$

Das elektromagnetische Feld kann als Summe von unabhängigen „Feldoszillatoren" mit den Amplituden $\xi_1, \xi_2, \ldots$ aufgefaßt werden. Befindet sich das Maxwellsche Feld im Grundzustand, so ist die Wahrscheinlichkeit, daß der erste Oszillator die Amplitude ξ_1, der zweite die Amplitude ξ_2, der dritte ξ_3 usw. hat, das Produkt von Funktionen der Form (20), jeder Faktor einen Oszillator repräsentierend. Mit einer geeigneten Normalisierung der Amplitude nimmt dieses unendliche Produkt folgende Form an:

$$\psi(\xi_1\,\xi_2\,\ldots) = N\,e^{-(\xi_1^2+\xi_2^2+\,\cdots)}. \tag{21}$$

Dieser Ausdruck steht für die Wahrscheinlichkeitsamplitude ψ einer Konfiguration des magnetischen Feldes $\boldsymbol{B}(x, y, z)$, das durch die Fourier-Koeffizienten $\xi_1, \xi_2 \ldots$ beschrieben wird. Man kann sogar auf die Erwähnung der Fourierkoeffizienten ganz verzichten und den Ausdruck (21) nur in Abhängigkeit der magnetischen Feldvariablen selbst darstellen

$$\psi(\boldsymbol{B}(x, y, z)) = N \exp\left[-\iint \frac{\boldsymbol{B}(x_1) \cdot \boldsymbol{B}(x_2)}{16\,\pi^3\,\hbar c r_{12}^2}\, d^3 x_1\, d^3 x_2\right]. \tag{22}$$

Man spricht nicht länger von „dem" Magnetfeld, sondern man spricht von der Wahrscheinlichkeit dieser oder jener Konfiguration des Magnetfeldes. Man macht das sogar dann, wenn es sich, wie hier, im Grundzustand befindet.

Unter diesen Umständen ist es leicht zu verstehen, daß die Konfiguration mit der größten Wahrscheinlichkeit jene mit $\boldsymbol{B}(x, y, z) = 0$ ist. Vergleichsweise dazu sei eine Konfiguration betrachtet, wo das magnetische Feld mit Ausnahme eines kleinen Bereiches der Ausdehnung L überall verschwindet. Unter der Annahme, daß die Bedingung div $\boldsymbol{B} = 0$ stets erfüllt ist, sei in diesem kleinen Bereich die Amplitude des Feldes gleich $\varDelta B$. Die Wahrscheinlichkeitsamplitude der betrachteten Konfiguration ist um den Faktor e^{-I} gegenüber der Null-Konfiguration kleiner. Der Ausdruck I im Exponent ist von der Größenordnung $(\varDelta B)^2\, L^4/\hbar\, c$. Konfigurationen, deren I groß gegen Eins ist, treten mit verschwindender Wahrscheinlichkeit auf. Umgekehrt, wenn I klein gegen Eins ist, treten sie fast gleich häufig wie die Null-Konfiguration auf. In diesem Sinne kann man sagen, die Schwankungen des magnetischen Feldes $\varDelta B$ in einem Gebiet der Ausdehnung L werden von der Ordnung

$$\varDelta B \sim \sqrt{\hbar c}/L^2 \tag{23}$$

sein. Mit anderen Worten, das Feld „resoniert" zwischen Konfigurationen, deren Schwankungsbereich durch die Formel (23) gegeben ist. Je kleiner die betrachteten räumlichen Abmessungen sind, desto größer werden die auftretenden Feldschwankungen sein.

Zusätzliche Einsicht bezüglich der Geometrodynamik erhält man, wenn man über die elektromagnetischen Feldschwankungen in einem anderen bereits vertrauten Zusammenhang spricht. Man betrachtet ein Meßgerät, das in gleicher

Weise auf das magnetische Feld in allen Punkten eines Gebietes der räumlichen Ausdehnung L reagiert. Wie reagiert nun dieses Gerät auf elektromagnetische Störungen verschiedener Wellenlängen? Ist die Wellenlänge klein gegen L, so werden die Kräfte, die in einem Teil des Gerätes erzeugt werden, nahezu durch jene, die in einem anderen Teil des Gerätes erzeugt werden, kompensiert. Im Gegensatz dazu verursacht eine Störung mit langer Wellenlänge überall eine Kraft in gleicher Richtung, aber eben zu klein um eine große Wirkung auszuüben. Daher ist das Feld, aus folgender Gleichung abgeschätzt.

$$\begin{pmatrix}\text{Energie einer elektromagnetischen}\\ \text{Welle der Wellenlänge } \lambda\\ \text{im Volumen } \lambda^3\end{pmatrix} \sim \begin{pmatrix}\text{Energie eines}\\ \text{Quantums der}\\ \text{Wellenlänge } \lambda\end{pmatrix}$$

$$\text{oder } B^2\,\lambda^3 \sim \hbar\,c/\lambda \tag{24}$$

$$\text{oder } B \sim \sqrt{\hbar\,c/\lambda^2}$$

klein, wenn λ groß gegen die Bereichsgröße L ist. Wenn λ vergleichbar mit L wird, tritt die größte Wirkung auf. Dieses Argument führt direkt von Gl. (24) zur Schwankungsformel (23).

§ 19. Schwankungen, dem klassischen Verhalten aufgeprägt

Es gibt keinen Grund, warum das elektromagnetische Feld im Grundzustand zu sein hat. Durch eine Antenne kann man es etwa erregen, so daß es mit 10^6 Hz und einer Amplitude $B = \pm\,3.3 \times 10^{-8}$ Gauß, entsprechend einem elektrischen Feld vom 1 mV/m, schwingt. Verglichen mit dieser deterministischen Beschreibung des Feldes

$$B_z = 3.3 \times 10^{-8} \text{ Gauß cos } 10^6 t\, 2\,\pi \tag{25}$$

sind die quantenmechanischen Schwankungen ziemlich vernachlässigbar:

$$\Delta B \sim 6 \times 10^{-9}\,\sqrt{\text{erg cm}}/(3 \times 10^4 \text{ cm})^2 \sim 10^{-17} \text{ Gauß.} \tag{26}$$

Selbst für einen Detektor der Dimension $L \sim 1$ cm ist die gesamte Wirkung aller unabhängigen Quantenschwankungen des magnetischen Feldes klein:

$$\Delta B \sim 6 \times 10^{-9} \sqrt{\text{erg cm}}/(1 \text{ cm})^2 \sim 6 \times 10^{-9} \text{ Gauß}. \qquad (27)$$

Betrachtet man aber ein noch kleineres Gebiet, etwa von der Ausdehnung $L \sim 0,1$ cm oder weniger, dann beginnen die Schwankungen über die klassischen Größen zu dominieren,

$$\Delta B > 6 \times 10^{-7} \text{ Gauß}. \qquad (28)$$

Damit wollen wir die Betrachtungen über das Nebeneinanderbestehen von Quantenschwankungen und klassischen Größen in der Elektrodynamik abschließen.

Ähnliche Betrachtungen betreffen die Geometrodynamik [21]. Auch dort prägen sich der Krümmung, die durch die klassisch determinierte allgemeine Relativitätstheorie bestimmt ist und sich nur langsam ändert, die Quantenschwankungen der Geometrie auf. In einem Gebiet mit der Dimension L und einem lokalen Lorentz-Bezugsystem mit den Metrikkoeffizienten $-1, 1, 1, 1$, werden daher die Größenordnungen der Schwankungen dieser Koeffizienten und ihrer Ableitungen folgende Werte annehmen:

Schwankungen der g_{ik}

$$\Delta g \sim L^*/L, \qquad (29)$$

Schwankungen der ersten Ableitungen der g_{ik}

$$\Delta \Gamma \sim \Delta g/L \sim L^*/L^2, \qquad (30)$$

Schwankungen in der Raumkrümmung

$$\Delta R \sim \Delta g/L^2 \sim L^*/L^3. \qquad (31)$$

Die Größe

$$L^* = \left(\frac{\hbar G}{c^3}\right)^{\frac{1}{2}} = 1.6 \times 10^{-33} \text{ cm} \qquad (32)$$

ist die sog. Plancksche Länge. Es ist nun angebracht, einen Blick auf die Größenordnungen zu werfen. Nach der klassischen Theorie von EINSTEIN ist die Raumkrümmung auf und in der Nähe der Erde von der Größenordnung

$$R \sim \frac{G}{c^2}\,\varrho \sim (0.7 \times 10^{-28}\ \mathrm{cm/g})\,(5\ \mathrm{g/cm^3}) \sim 4 \times 10^{-28}/\mathrm{cm^2}. \qquad (33)$$

Diese Größe hat eine sehr direkte physikalische Bedeutung. Sie mißt die „Flut erzeugende Komponente des Gravitationsfeldes" gemessen etwa in einer frei fallenden Aufzugskabine oder in einem frei um die Erde kreisenden Raumschiff [23]. Verglichen damit sind die Quantenschwankungen der Raumkrümmung in einem Gebiet mit 1 cm³ Ausdehnung nur von der Größenordnung

$$\Delta R \sim 10^{-33}/\mathrm{cm^2}. \qquad (34)$$

Die Quantenschwankungen in der Geometrie des Raumes sind daher unter normalen Umständen völlig zu vernachlässigen.

Selbst in der Atom- und Kernphysik betragen die entsprechenden Schwankungen

$$\Delta g \sim 10^{-33}\ \mathrm{cm}/10^{-8}\ \mathrm{cm} \sim 10^{-25}$$

und $\qquad\qquad\qquad\qquad\qquad\qquad\qquad\qquad\qquad\qquad (35)$

$$\Delta g \sim 10^{-33}\ \mathrm{cm}/10^{-13}\ \mathrm{cm} \sim 10^{-20},$$

die so klein sind, daß es berechtigt ist, diese Physik im Rahmen einer klassischen Lorentz-Raum-Zeit-Mannigfaltigkeit zu betrachten.

Trotzdem entkommen wir den Quantenschwankungen in der Geometrie nicht, solange wir dem Quantenprinzip und der Theorie EINSTEINs vertrauen. Sie treten gleichzeitig mit der klassischen, durch die allgemeine Relativitätstheorie vorausbestimmbaren, geometrodynamischen Entwicklung auf. Diese Schwankungen verbreitern die Bahn, die die klassische Entwicklung der Geometrie im Superraum vorzeichnet. Mit anderen Worten, die Geometrie enthält immer ein Element der Unbestimmtheit, auch wenn es im Alltagsleben nicht so zu sein scheint. Submikroskopisch gesehen, „resoniert" sie vielmehr zwischen mehreren Konfigurationen. Diese Terminologie

3*

bedeutet nicht mehr oder weniger als: i) Jede 3-Geometrie-Konfiguration hat ihre eigene Wahrscheinlichkeitsamplitude $\psi = \psi(^{(3)}\mathscr{G})$. ii) Für einen ganzen Bereich von 3-Geometrien, die sich innerhalb des durch Gl. (29) definierten verbreiterten Bandes im Superraum befinden, haben diese Amplituden vergleichbare Werte. iii) Dieser Bereich der 3-Geometrien ist submikroskopisch viel zu bunt gestaltet, um in eine einzige 4-Geometrie oder in eine klassische geometrodynamische Entwicklung hineinzupassen. iiii) Nur wenn man die submikroskopischen Schwankungen ($\sim 10^{-33}$ cm) vernachlässigt und die mikroskopischen Eigenschaften der 3-Geometrien betrachtet, scheinen sie in eine einzige Raum-Zeit-Mannigfaltigkeit, die den klassischen Feldgleichungen gehorcht, hineinzupassen.

§ 20. Läßt sich Geometrodynamik bis auf die Plancksche Längenskala hinunter extrapolieren?

Ist es nicht widersinnig, eine bestehende Theorie in Bereichen anzuwenden, die um 20 Größenordnungen kleiner als die Kernabmessungen sind? Wohl eine phantastische Extrapolation! Doch in der theoretischen Physik hat man traditionell meist eine derartige zähe Einstellung zugunsten einer bestehenden Theorie eingenommen. Es ist nicht üblich, ein lang bewährtes Prinzip aufzugeben, ohne vorher herausgefunden zu haben, wo die Grenzen seiner Leistungsfähigkeit liegen. Ein direkter Widerspruch zwischen Voraussage und Beobachtung oder zwischen zwei Prinzipien ist normalerweise notwendig, um einen berechtigten Grund zu einer Änderung zu haben. Es ist nicht der Brauch des Physikers etwas aufzugeben, ohne etwas Besseres dafür einzuhandeln.

Die systematische Erforschung der Folgerungen der Quantengeometrodynamik empfiehlt sich aus mehreren Gründen. Es ist dies das Fehlen eines jeglichen Widerspruches und einer umfassenderen Theorie. Aber auch ein Beispiel aus der Vergangenheit ermutigt die Erforschung. Damals, um

1850, als man daran ging, das Coulombsche Gesetz für die
Meter- bis Millimetergegend zu überprüfen, dachte wohl niemand daran, es besäße für so kleine Entfernungen wie
10^{-12} cm (1911), 10^{-13} cm (1933) und 10^{-14} cm (1954) noch
Gültigkeit. Diese fast unglaubliche Reichweite in der Anwendung einer grundlegenden physikalischen Theorie erscheint
uns wie ein Wunder [24].

Elektrodynamik enthält keine natürliche Länge. Ebenso
nicht die allgemeine Relativitätstheorie (G, c) oder das Quantenprinzip (h) für sich allein betrachtet. Die Vereinigung der
Geometrodynamik mit dem Quantenprinzip besitzt eine
Länge: $L^* = \left(\frac{\hbar\,G}{c^3}\right)^{\frac{1}{2}}$. Die Bedeutung dieser Länge wurde schon
1899 von PLANCK erkannt [25]. Er untersuchte die Strahlung
des schwarzen Körpers nicht zuletzt wegen ihrer Universalität:
Sie ist unabhängig von der Größe und Form des Behälters,
unabhängig von den Eigenschaften der Wände und unabhängig von der komplexen Atom-, Molekül- und Festkörper-
Physik. In der Suche nach der Universalität taucht auch die
Frage nach einem Längen-, Zeit- und Massenstandard auf.
Diese Standards sollten nicht von den zufälligen Gegeben-
heiten wie Umfang der Erde, Umdrehung der Erde und Dichte
des Wassers abhängen. Dieses Prinzip, sich auf keine spezielle
Substanz zu beziehen, schloß auch das Elektron und andere
ähnliche Teilchen ein. Dies alles ausschließend, blieb nur mehr
die Lichtgeschwindigkeit c, die Newtonsche Gravitations-
konstante G und das durch Strahlungsgesetze gefundene
Wirkungsquantum h übrig. Diese drei konnte PLANCK als echt
fundamental akzeptieren. Aus diesen drei Größen läßt sich
nur auf eine Art die Länge konstruieren. Es ist die Plancksche
Länge, die so in die Wissenschaft lange vor der speziellen und
allgemeinen Relativitätstheorie eingeführt wurde. In der
Quantengeometrodynamik ist sie das Maß für die Schwankungen der Geometrie des Raumes.

Kann man ernstlich eine derart kleine Länge wie 10^{-33} cm
akzeptieren? Kann man sich überhaupt die Physik vorstellen,

die sich auf Distanzen, 20 Zehnerpotenzen kleiner als die Kernabmessungen, abspielt? Was könnte grotesker sein? Nur drei Zahlen sind noch gigantischer als 10^{20}: der Faktor 10^{40}, um den die elektrischen Kräfte größer als die Gravitationskräfte sind; die 10^{40}, um die der Durchmesser des Weltalls, im Zustand größter Expansion, größer ist als die Elementarteilchenabmessungen, und schließlich die 10^{80} angenommenen Elementarteilchen des Universums. EDDINGTON [26], DIRAC [27], JORDAN [28], DICKE [29] und HAYAKAWA [30] meinen, es sei unwahrscheinlich, daß derart gigantische Zahlen eine unabhängige Rolle in der Physik spielen. Sie betonen, die Beziehungen dieser Zahlen kann nicht rein zufällig sein [31]; es könnte kaum eine „Ordnung der großen Zahlen" herrschen, wäre nicht eine tiefe Beziehung zwischen Kosmologie, allgemeiner Relativitätstheorie und Elementarteilchenphysik vorhanden. Doch wo soll man mit der Betrachtung beginnen? Soll man fragen, warum gerade so viele Teilchen im Universum sind? Kaum. Die Physik kann wohl Bewegungsgesetze erläutern, ist aber außerstande, Anfangsbedingungen zu erklären. Oder soll man beginnen, die Ladungsstruktur oder die charakteristischen Abmessungen der Elementarteilchen zu erklären? Hoffnungsvoller vielleicht, aber noch immer weit jenseits unserer jetzigen Möglichkeiten. Nur eine der Größen, die mit den großen Zahlen verbunden ist, hat in der bestehenden Theorie eine klare Stellung — die Plancksche Länge. Wo sonst, als hier, soll man beginnen?

Es scheint plausibel zu sein, die Betrachtungen in der Physik bei 10^{-13} cm aufhören zu lassen, da das Budget für die Beschleuniger bei \$ 100 Millionen im Jahr aufhört. Man sagt manchmal, welchen Sinn hat es zu analysieren, wenn man keine Möglichkeit hat, es zu beobachten. Glücklicherweise lehrt uns die Erfahrung, daß das nicht immer der Fall zu sein braucht. Soll man warten, bis man die Metallhärtung beherrscht, bevor man das Mikroskop zur Hand nimmt und sie durch Versetzungen erklärt? Oder soll man warten, bis man die Versetzungen erklärt hat, bevor man mit dem Studium der Atome beginnt? Nein. Der Weg der Erkenntnis ging nicht hinunter, 1 cm $\to 10^{-4}$ cm $\to 10^{-8}$ cm, sondern hinauf 10^{-8} cm $\to$ 10^{-4} cm $\to$ 1 cm. Zuerst mußte man etwas über Atome wissen, um einiges über Versetzungen aussagen zu können. Dasselbe gilt für die Versetzungen, um die Härtungsvorgänge besser verstehen zu können. Ähnliches gilt möglicherweise für die Physik in der 10^{-33} cm Region, um ein größeres Verständnis der Elementarteilchen zu erhalten [32]. Falsch oder richtig [33], nur die Quantengeometrodynamik kann einen Beitrag dazu liefern. Wie schaut dieser Beitrag aus?

Jeder neue Ausblick dieser Theorie entspringt der einen grundlegenden Aussage: *Die Geometrie schwankt sehr heftig auf kleinen Distanzen.* Diese Idee eröffnet neue Einsichten in die Natur der elektrischen Ladung, des Vakuums und der Elementarteilchen.

§ 21. Quantengeometrische Schwankungen und Elektrizität als in der Topologie des Raumes gefangene Kraftlinien

Um eine neue Einsicht in die Natur der Elektrizität zu bekommen, genügt es, die alte Auffassung der Topologie „im Kleinen ist der Raum euklidisch" in Frage zu stellen. Diese Auffassung ist für alltägliche Zwecke hinreichend. Für einen, der Meilen über dem Ozean fliegt, erscheint die Meeresoberfläche ebenfalls mit einer derartigen euklidischen Topologie ausgestattet zu sein. Für jemanden in einem kleinen Boot hingegen scheint das Gegenteil zuzutreffen. Er sieht die Gischt der sich brechenden Wellen. Er weiß, daß die Oberfläche in der Millimeter- und Zentimetergegend mehrfach zusammenhängend ist. Ist der Ozean aufgewühlt, um so mehr ist es die Geometrie in der Planckschen Längenskala. Nirgends gibt es dort ein Gebiet der Ruhe. Mehr noch, sind die Gleichungen der Hydrodynamik nichtlinear, um wie viel mehr sind es dann die der Geometrodynamik! Welch ein Kontrast zur Linearität der Elektrodynamik! Die vorausgesagten Schwankungen des

Potentials

$$\Delta A \sim \sqrt{\hbar c/L} \qquad (36)$$

und des Feldes

$$\Delta F \sim \sqrt{\hbar c}/L^2 \qquad (37)$$

behalten immer denselben Charakter bei, ganz gleich, wie klein man auch die Meßlänge L wählt. Es gibt hier keine natürliche Grenze, die die großen Schwankungen von den kleinen unterscheidet. Das Gegenteil gilt für die Schwankungen in der Metrik, die durch die Formel

$$\Delta g \sim L^*/L \qquad (38)$$

gegeben ist. Liegt der Wert von Δg in der Gegend von Eins oder sogar darüber, werden die Änderungen in der Geometrie so drastisch, daß der Ausdruck „gekrümmter Raum" kaum noch zutreffend ist. „Änderung der Topologie" scheint ein vernünftigerer Ausdruck zu sein.

Es ist nicht so selbstverständlich in der Mathematik wie in der Physik, eine Transformation in Betracht zu ziehen, die eine Topologie in eine andere überführt. Ein zitternder Wassertropfen teile sich. In diesem Augenblick ändert sich die Topologie. Ein Punkt kennzeichnet den Ort, wo sich die zwei Flüssigkeitsmassen trennen. Diesem Punkt fehlt die vollständige Umgebung, die einen normalen Punkt kennzeichnet. Solch ein kritischer Punkt liegt außerhalb einer echten „Mannigfaltigkeit" in der Mathematik. Vor der Teilung stellt die Oberfläche des Tropfens eine Mannigfaltigkeit dar. Nach der Teilung ist sie wieder eine Mannigfaltigkeit, bestehend aus zwei getrennten Teilen. Im Augenblick der Teilung ist sie keine Mannigfaltigkeit. Aber der Tropfen kümmert sich recht wenig um diese Unterscheidung. Er teilt sich trotz aller Definitionen. Die Definition der „Mannigfaltigkeit" ist nun kein Grund, warum nicht auch der *Raum seine* Topologie ändern sollte.

Es gibt kein Prinzip, welches eine Topologie allen anderen ewig vorzieht. Im Gegenteil, der Charakter der Feldgleichungen in der Relativitätstheorie ist ein rein lokaler. Sie machen keine wie immer gearteten Aussagen über die globale Topologie, wie es Einstein selbst immer wieder betont hatte. Das Wesen der Physik liegt eher in den Worten „alles was geschehen könnte, geschieht". Ein Alpha-Teilchen durchdringt eine klassisch verbotene Region; ein Seitenzweig eines Kettenmoleküls führt eine „gehemmte Rotation" aus; die Schirmstruktur des Ammoniakmoleküls klappt trotz offensichtlicher Verletzung des Energieerhaltungsgesetzes um; es ist nun schwer der Folgerung zu widerstehen, daß sich auch die Topologie des Raumes ändern kann und sich ändert.

Sind diese allgemeinen Betrachtungen zutreffend, und ändern die Schwankungen sowohl die Topologie als auch die Krümmung des Raumes, so sind die Folgerungen für die Physik im submikroskopischen Bereich und im Superraum entscheidend. Der Superraum muß erweitert werden von der Gesamtheit der positiv definierten 3-Geometrien, fußend auf einer Topologie, zu der Gesamtheit der positiv definierten 3-Geometrien, fußend auf der Gesamtheit aller Topologien. Im Superraum ist die Wahrscheinlichkeitsamplitude $\psi\,(^{(3)}\mathfrak{G})$ auf ein Band endlicher Breite verschmiert, das die deterministische Entwicklungsgeschichte der klassischen Geometrodynamik umgibt (Abb. 6). Dies führt zu neuen Folgerungen. Die Geometrie im Kleinen schwankt nicht nur von einem Muster der Krümmung in das andere, sondern vielmehr von einer mikroskopischen Topologie in die andere (Abb. 8).

Die Strukturen, die überall mit „Henkeln" und „Wurmlöchern" übersät sind, sind ferner viel zahlreicher als die 3-Geometrien einfacherer Topologien. Der Raum „resoniert" also, mit anderen Worten, zwischen mehreren schaumartigen Strukturen [35]. Der Raum der Quantengeometrodynamik kann mit einem auf einer sanft gewellten Landschaft ausgebreiteten Teppich aus Schaum verglichen werden. Die sanft gewellte Landschaft entspricht der klassisch determinierten Geometrodynamik. Die fortwährenden mikroskopischen Änderungen innerhalb des Schaumteppichs, wenn neue Bläschen entstehen und alte vergehen, symbolisieren die Quanten-

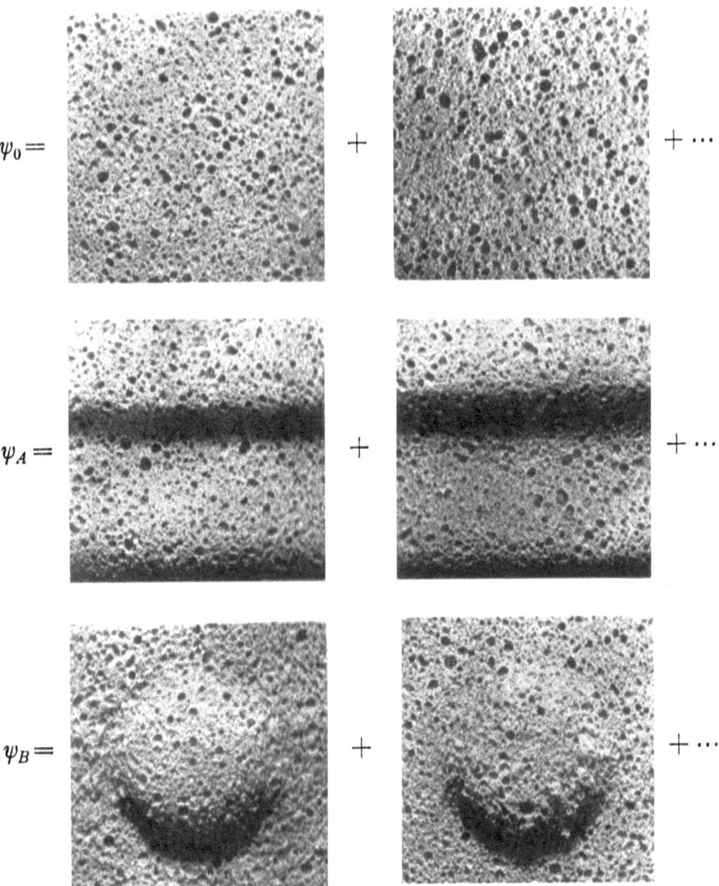

Abb. 8. Symbolische Darstellung von drei verschiedenen Wahrscheinlichkeitsfunktionen $\psi(^{(3)}\mathscr{G})$. Oben, ψ_0 nur normale Schwankungen; Mitte, ψ_A makroskopische klassische Gravitationswelle mit überlagerten Schwankungen; Unten, ψ_B örtliche Erregung mit überlagerten Schwankungen. Die komplexe Zahl ψ gibt die Wahrscheinlichkeitsamplitude an, mit der die 3-Geometrie $^{(3)}\mathscr{G}$ auftritt. Jene 3-Geometrien, die am meisten zur gesamten Wahrscheinlichkeit beitragen, sind im Maßstab der Planckschen Länge äußerst vielfach miteinander verbunden (Schaumartige Struktur des Raumes im Kleinen)

schwankungen in der Geometrie. Die Schwankungen ändern den mikroskopischen Zusammenhang des Raumes selbst. Man kann nicht länger mehr behaupten und es hinnehmen, daß im Kleinen der Raum euklidisch ist.

In der Physik spielt die Struktur der Geometrie im Kleinen nirgends eine größere Rolle als in der Elektrizität. Elektrische Kraftlinien münden konvergierend in ein Raumgebiet ein, ohne von dort wieder herauszukommen. Seltsames muß dort vorgehen. Entweder die Maxwell-Gleichungen versagen, oder diese Gegend ist mit einer speziellen Substanz, einem elektrischen Gelee, einer Art magischen Flüssigkeit jenseits weiterer Erklärungen, angefüllt. Niemals konnte man dem einen oder anderen Bild entkommen. Dafür ist ein einfacher Grund vorhanden. Man nimmt steif und fest an, die Region besitze euklidische Topologie. Man gebe diese Annahme auf, halte aber weiter an den Maxwellschen Feldgleichungen für den leeren Raum fest. Dann ändert sich die Schlußfolgerung. Das in Frage stehende Gebiet muß zumindest die Öffnung eines „Henkels" oder eines „Wurmloches" enthalten (Abb. 3). Die elektrischen Kraftlinien münden nur in der einen Öffnung, um von der anderen Öffnung, die sich woanders im Raum befindet, wieder herauszukommen. Auf diese Weise kommt man zu einer neuen Auffassung der Elektrizität: *Eine klassische geometrodynamische elektrische Ladung ist eine Kraftlinienmenge, die in der Topologie des Raumes gefangen ist.*

Man kann sich jemanden vorstellen, der zuerst Topologie studiert, sich dann die Maxwellschen Gleichungen des leeren Raumes hernimmt und schließlich auf einmal die elektrische Ladung entdeckt. Er nimmt das als experimentellen Beweis, daß der Raum im Kleinen vielfach zusammenhängend sein muß (Tabelle 2). Niemand hindert uns, uns dieser Ansicht anzuschließen. Unter diesem Blickpunkt ist *das Auftreten von elektrischen Ladungen in der Natur heute das eindrucksvollste Anzeichen für die Realität der Schwankungen, die die Quantentheorie, in Dimensionen der Planckschen Länge, für die Geometrie des Raumes voraussagt und für die Topologie nahelegt.*

Die durch die Quantengeometrodynamik vorausgesagten „Wurmlöcher" sind eine Eigenschaft des ganzen Raumes; sie

Tabelle 2. *Der Begriff der elektrischen Ladung in der klassischen und in der Quantengeometrodynamik*

	Klassische GMD	Quanten-GMD
Ist die Ladung interpretierbar als Kraftlinienmenge, die in der Topologie des Raumes gefangen ist?	Ja	Ja
Muß man das Vorhandensein einer „echten" Ladung annehmen?	Nein	Nein
Natur der topologischen Falle	Wurmloch in der 3-Geometrie	Wurmloch in der 3-Geometrie
Wo befinden sich die Wurmlöcher?	Verbinden zwei entgegengesetzte Ladungen	Im ganzen Raum verteilt
Abmessungen des Wurmloches	Gigantisch verglichen mit 10^{-33} cm	Vergleichbar mit 10^{-33} cm
Zustand des Wurmloches	Klassisch determinierte zeitliche Entwicklung. Makroskopische Größe. Diese Größe wird durch die Anfangsbedingungen festgelegt. Bisher wurde noch nie ein derartiges makroskopisches Wurmloch beobachtet, obwohl es laut Definition eine Lösung der Einsteinschen Feldgleichungen darstellt	Schwankungen; Folgerungen einer nicht determinierten Geometrie; es besteht eine nichtverschwindende Wahrscheinlichkeit für ziemlich verschiedene 3-Geometrien. 3-Geometrien, die fast überall Wurmlöcher besitzen (Maßstab 10^{-33}cm), treten am häufigsten auf (schaumartige 3-Geometrien). Wurmlöcher müssen nicht eingeführt werden, sie treten ganz von selbst auf (Nullpunktsschwankungen des Vakuums) und lassen sich nicht vermeiden

Tabelle 2. (Fortsetzung)

	Klassische GMD	Quanten GMD
Schnürt sich ein Wurmloch ein?	Ja. Ein Schlund mit dem Radius a unterliegt nach einem Zeitintervall a/c einem Gravitationskollaps (10^{-10} sec für $a = 3$ cm).	Strenggenommen ist die Frage nicht definiert. Determinierte Geometrodynamik im Kleinen hat in der Quantengeometrodynamik keine Bedeutung. Aber in einer etwas unexakten Sprechweise, die in manchen Gebieten der Quantenfeldtheorie nützlich ist, kann man sagen, daß dauernd „virtuelle Wurmlöcher" entstehen und vernichtet werden, da der Raum zwischen verschiedenen schaumartigen 3-Geometrien resoniert
Ladung als Fluß durch das Wurmloch definiert	Ändert sich nicht mit der Zeit. Eine Bewegungsinvariante	Der Fluß durch das Wurmloch, sowie seine Form und Dimension unterliegt den quantenmechanischen Schwankungen. Die Größenordnung der Ladungsschwankungen beträgt $(\hbar c)^{\frac{1}{2}} \sim 12e$ keine Invariante und nicht quantisiert
Beziehung der Elementarteilchenladung zur geometrodynamischen Ladung	Nicht die geringste direkte Beziehung mit der klassischen geometrodynamischen Ladung	Nicht die geringste direkte Beziehung mit der Ladung eines elementaren „Schwankungswurmloches". Ein Elementarteilchen wird als kollektive Erregung des geometrischen Kontinuums (geometrodynamisches Exciton) verstanden. Man hat noch nicht die Methoden entwickelt, mit der man die Ladung, die mit diesem Exciton verbunden ist, berechnen kann

sind submikroskopisch und entstehen, ebenso wie die Flüsse durch sie, spontan durch die Quantenschwankungen. Natürlich hält uns niemand davon ab, ein *ab initio* erzeugtes mikroskopisches Wurmloch zu betrachten, welches mit einem vorgeschriebenen Fluß ausgestattet ist und sich determiniert, den klassischen Feldgleichungen gemäß, zeitlich entwickelt. Diese klassische elektrische Ladung hat aber nicht die geringste Verbindung mit den Ladungen der wirklichen Welt der Quantenphysik und braucht deshalb hier nicht näher betrachtet zu werden.

§ 22. Die Energie des Vakuums

Ermöglichen die Schwankungen in der Geometrie neue Einsichten in die Natur der Elektrizität, so werfen sie auch neues Licht auf die Natur der Vakuumenergie. Untersucht man im Vakuum ein Gebiet der Dimension L, weiß man schon lange von der Quantenelektrodynamik her, sowohl vom Experiment als auch von der Theorie, daß

i) die Schwankungsenergie die Größenordnung $\hbar c/L$ hat und

ii) die effektive Energiedichte die Größenordnung $\hbar c/L^4$ hat. Die Elektrodynamik kennt aber keine untere Schranke für die in Frage kommende Größe L. In der Quantengeometrodynamik gelten Gleichungen ähnlichen Typs, nur gibt es dort eine natürliche Schranke: die Plancksche Länge. Ist L vergleichbar mit $L^* = \sqrt{\dfrac{\hbar G}{c^3}} = 1.6 \times 10^{-33}$ cm oder sogar kleiner, ist es unsinnig, weiter eine lineare Theorie anzuwenden. Mit anderen Worten, es läßt sich in einem gewissen Sinn folgendes behaupten:

i) Die elementaren Energieschwankungen können höchstens $\hbar c/L^*$ groß werden. Der Betrag dieser charakteristischen Massenenergie ist ca. 10^{-5} g oder etwa 10^{28} eV. Das ist etwa 20 Zehnerpotenzen über der Masse der Elementarteilchen und etwa 9 Zehnerpotenzen über der Energie der stärksten kosmischen Strahlung, die je festgestellt wurde.

ii) Diese Schwankungen treten im ganzen Raum auf.

iii) Der charakteristische Betrag der mit diesen Schwankungen auftretenden Energiedichte ist

$$\frac{\hbar c}{L^{*4}} \to \frac{c^5}{\hbar G^2} \sim 10^{95} \text{ g/cm}^3,$$

einfach gigantisch im Vergleich mit den 10^{14} g/cm^3 der Kernmaterie [37].

iiii) Die mit diesen Schwankungen verbundene „Gravitations"- oder geometrodynamische Wellenenergiedichte [38] hat dieselbe Größenordnung.

Jede Beobachtung zeigt, daß die durchschnittliche Energiedichte des Raumes gegenüber diesen ungeheuren Werten vernachlässigbar ist. Die enorme Energie muß in irgendeiner Weise kompensiert werden. NIELS BOHR hat sich lange mit diesem Problem der Kompensation beschäftigt. Neues Licht auf das Problem wird durch die Betrachtung der Schwankungen, im Maßstab der Planckschen Länge, geworfen. Zwei solcher Schwankungen, jede von der Ordnung $\sqrt{\frac{\hbar c}{G}} \sim 10^{-5}$ g, die miteinander über eine Entfernung L^* gravitationell wechselwirken, haben eine Kopplungsenergie

$$E_{\text{grav}} = -\frac{G\, m_1\, m_2}{r_{12}} \sim -\frac{G\left[\left(\frac{\hbar c}{G}\right)^{\frac{1}{2}}\right]^2}{L^*} \sim -\frac{\hbar c}{L^*}, \tag{39}$$

die negativ und von der Größenordnung 10^{-5} ist. Diese Kopplung zwischen zwei benachbarten „Schwankungen" ist daher nach Vorzeichen und Betrag gerade richtig um die Energien der individuellen Schwankungen zu kompensieren. Es wäre zu verwundern, sollte dieser Mechanismus nicht eine bedeutende Rolle in der Kompensation der Vakuumenergie spielen.

Trotz aller Mysterien, die diesen Kompensationsprozeß zustande bringen, bleibt die eine Schlußfolgerung bestehen: *Individuell sind die Komponenten der Vakuumenergie enorm, kollektiv aber kompensieren sie sich gegenseitig.*

§ 23. Das Teilchen als geometrodynamisches Exciton

Die Quantenschwankungen in der Geometrie bringen nicht nur neue Einsichten in die Natur der Elektrizität und der Vakuumenergieschwankungen, sondern auch in das Konzept, die Teilchen seien Quantenzustände einer Erregung in der Geometrie des Raumes.

Ein Stück Kernmaterie der Dichte 10^{14} g/cm^3 ist vollständig vernachlässigbar verglichen mit der Dichte der Vakuumenergieschwankungen ($\sim 10^{95}$ g/cm^3). Ein Teilchen bedeutet für das Vakuum weniger, als eine Wolke (10^{-6} g/cm^3) für die Physik der Atmosphäre (10^{-3} g/cm^3). Kaum eine andere Tatsache deutet stärker darauf hin, daß das Teilchen nicht der richtige Ausgangspunkt für die Naturbeschreibung ist.

Vom Standpunkt der Geometrodynamik aus ist das Primäre weder ein Teilchen, noch eine miteinander gekoppelte Familie von Teilchenfeldern, sondern die Geometrie des leeren Raumes selbst. So gesehen ist ein Teilchen nicht eine 10^{-33} cm-Schwankung der Geometrie, sondern eine unglaublich schwache, sich über mehrere 10^{-33} cm Regionen hinweg erstreckende Veränderung in den Schwankungsvorgängen. Kurz, ein Teilchen ist ein Quantenzustand einer Erregung der Geometrie; es ist ein *quantengeometrodynamisches Exciton*. Mathematisch gesehen wird das Vakuum durch eine Wahrscheinlichkeitsamplitude $\psi_0 = \psi_0(^{(3)}\mathfrak{G})$ beschrieben, während Zustände mit einem oder mehreren Teilchen durch ein anderes Funktional $\psi = \psi(^{(3)}\mathfrak{G})$ charakterisiert werden.

Nach dieser Interpretation erscheint die Elementarteilchenphysik als eine neue und schöne Art Chemie. Zuerst kam die Chemie der Atome und Moleküle, herrlich in ihrer Vielfachheit und Regelmäßigkeit. Aller basierte auf einer einzigen dynamischen Wesenheit — dem Elektron. Dann kam die „Kernchemie", mit ihren Energien und Reaktionen, deren Erklärung auf eine andere elementare dynamische Wesenheit — das Nukleon — zurückgeht. Heute beschäftigen wir uns mit der Chemie der Elementarteilchen selbst. Trotz wunderbarer Fortschritte auf diesem Gebiet, wie die Klassifikation der Teilchen in Familien, Massenbeziehungen und Transformationseigenschaften, haben sie nicht vermocht, die dynamische Wesenheit dahinter aufzuzeigen. Diese Wesenheit ist nach der hier vertretenen Ansicht die Geometrie selbst.

Als BERZELIUS erstmals zu Beginn des 19. Jahrhunderts behauptete, daß die chemischen Kräfte die Manifestation elektrischer Kräfte seien, löste er einen Sturm des Widerspruchs aus, der schließlich seine Hypothese in Mißkredit brachte. Die homoeopolare Bindung etwa: wie kann die beobachtete Affinität mit der bekannten Abstoßung gleichnamiger Ladungen in Übereinstimmung gebracht werden? Homoeopolare, Ionen-, van der Waals- und Valenzkräfte: Wie kann die Verschiedenheit ihrer Stärken und ihrer Eigenschaften je mit den einfachen elektrischen Kräften verträglich sein? Erst als J. J. THOMSON 1897 das Elektron entdeckte, begann der Umschwung zugunsten der elektrischen Erklärung der chemischen Kräfte. War einmal die dynamische Wesenheit gefunden, ließ die Entschleierung der Geheimnisse nicht mehr lange auf sich warten. Es war nicht von vornherein klar, welch organisierende Kraft das Quantenprinzip besaß. In der Mitte der 20er Jahre passierte es einigemale, daß ein Physiker seinem Kollegen im Labor auf der anderen Seite des Ganges zurief: „Ihre Chemie ist passé. Den ganzen Zauber kann man nun mittels Elektronen und Quantenzahlen erklären". Vielfach kam dann die gerechtfertigte Antwort zurück: „Was berechtigt Sie anzunehmen, kreisförmige und elliptische Bahnen hätten irgend etwas mit der Chemie zu tun. Haben Sie niemals von den Valenzwinkeln des Ammoniaks oder vom tetraederförmigen Bau des Kohlenstoffgitters gehört? Vergessen Sie niemals, daß elektrische Kräfte elektrische Kräfte und chemische Kräfte chemische Kräfte sind." Das Coulombsche Gesetz mußte erst mit dem Konzept der Wahrscheinlichkeitsamplitude ergänzt werden, bevor HEITLER und LONDON die Valenzkräfte erklären konnten. Heute zweifelt niemand mehr, daß die Schrödinger-Gleichung im Prinzip die ganze Chemie umfaßt. Trotzdem gibt es kaum einen sichereren Weg, den Fortschritt der Chemie aufzuhalten, als jeden zu verpflichten, von seiner Verbindung zuerst die Wellenfunktion zu berechnen und sie dann erst herzustellen. Nicht die Betrachtung eines Konfigurationsraumes mit 600 Dimensionen, sondern die Analyse der Regelmäßigkeiten zwischen Molekülen und Molekülen erweist sich als fruchtbarer Weg des Fortschrittes. Es kann kaum anders sein, da die Bindungsenergie die kleine Differenz zweier absolut viel größerer Energien, eben jene der assoziierten und der dissoziierten Zustände ist.

In der „Elementarteilchenchemie" ist man in der Kunst, die Regelmäßigkeiten zu analysieren, schon weit fortgeschritten [40]. Die Anwendung der Gruppentheorie ist hier weitreichender als in der Chemie der Moleküle. Andererseits scheint die Möglichkeit, Teilchenmassen aus Grundannahmen abzuleiten, vom Standpunkt der Geometrodynamik her gesehen viel weiter entfernt zu sein als die Möglichkeit, die Bindungsenergie eines komplexen Moleküls aus Grundannahmen zu berechnen. Die Energie, die man schließlich zu erhalten hofft, 10^{-27} g bis 10^{-24} g, ist um 20 Zehnerpotenzen kleiner als jene charakteristische Energie der Theorie, mit der man beginnt. Trotzdem wäre es unklug, von vornherein jeder möglichen Rechnungsmethode ablehnend gegenüberzustehen, die zuverlässig kleine Effekte gegen einen enormen Hintergrund wie im Falle der Supraleitung (10^{-4} eV gegen 10 eV) zu bestimmen trachtet.

Wie kann man die geometrodynamische Interpretation der Teilchen testen (Tabelle 3)? Man wird eher qualitative Voraussagen und konzeptmäßige Entwicklungen erwarten, als quantitative Berechnungen. Der Gravitationskollaps [18] ist jenes Phänomen, das darauf schließen läßt, daß ein Zusammenhang zwischen Teilchen und Geometrie vorhanden ist. Und nichts ermutigt mehr, an die Bedeutung der Planckschen Länge zu glauben, als der Begriff der Ladung als Kraftlinien, die in der Topologie des Raumes gefangen sind.

Tabelle 3.
Quantengeometrodynamische Interpretation von Teilchen und Kräften

Grundlegendes Objekt	Nicht das Elektron oder ein anderes Teilchen, sondern die Geometrie selbst
Geometrie des Raumes	Weder eindeutig noch klassisch; schwankt überall, im Maßstab der Planckschen Länge gesehen, zwischen Konfigurationen verschiedener submikroskopischer Krümmung und verschiedener Topologien
Topologie des Raumes	Jene Geometrien, die mit einer wesentlichen Wahrscheinlichkeit auftreten, sind im ganzen Raum vielfach zusammenhängend (schaumartige Struktur)
Teilchen	Nicht ein fremder und physikalischer Gegenstand, der sich in der Geometrie des Raumes bewegt, sondern ein Erregungszustand der Geometrie selbst. Unwesentlich für die Physik des Vakuums, wie eine Wolke unwesentlich für die Physik der Atmosphäre ist. Nicht eine lokalisierte Welle in der Geometrie und auch kein submikroskopisches Wurmloch in der Geometrie, im Maßstab der Planckschen Länge gesehen, sondern eine excitonartige Veränderung der Phasenbeziehungen in den Wahrscheinlichkeitsamplituden einer großen Anzahl solcher Wurmlöcher
Ladung	Nicht ein Ort, an dem die Maxwellschen Gleichungen versagen, auch kein geheimnisvolles „fremdes und physikalisches" Gelee in die Geometrie von außen eingebracht, sondern elektrische Kraftlinien, die in der Topologie des Raumes gefangen sind (Tabelle 2)
Spin	Nicht ein dynamisches Gebilde, der Geometrie zugefügt, sondern die Manifestation der nichtklassischen Zweideutigkeit, die mit der Geometrie selbst verbunden ist. Einer vielfach zusammenhängenden 3-Geometrie, die mit alternierenden Dreibein-Feldern oder einer „Spinstruktur" ausgestattet ist, werden nämlich entsprechend verschiedene Wahrscheinlichkeitsamplituden zugeordnet
Kraft	Starke, schwache und mittlere Kräfte unterscheiden sich in ihrem Charakter nicht stärker voneinander als Ionen-, van der Waals- und Valenzkräfte. Sie sind der Resteffekt prozentualer kleiner Änderungen in der Energie der Nullpunktschwankungen, die in der Geometrie des Raumes auf kleinsten Abständen auftreten

Neue Einsichten stimulieren weitere Untersuchungen [42]:

i) Wie kann man über den Weg einfacher Prinzipien alle üblichen Ableitungen der Einsteinschen Feldgleichungen überbrücken und mit einem Sprung von den Postulaten zur Hamilton-Jacobi-Gleichung gelangen?

ii) Welche tieferen Einsichten kann man über die Struktur des Superraumes gewinnen? Und

iii) an welcher neuen Stelle zieht man in der Geometrodynamik jene alte Trennungslinie zwischen dynamischem Gesetz und Anfangsbedingungen, eine Linie, die sich wie ein roter Faden durch die Physik schlängelt.

Diese Fragen sind gleichsam Hügel, das Gebirge zeichnet sich dahinter ab: ist ein Teilchen der Zustand einer Erregung in der Geometrie des Raumes?

EINSTEIN hielt stets an einer prophetischen Vision, jenseits seiner Arbeit und seinen Schriften, fest: in der Welt gibt es nichts, außer dem gekrümmten leeren Raum [43]. Geometrie, ein wenig gebogen hier, beschreibt Gravitation. Ein bißchen anders gewellt dort, stellt sie alle Eigenschaften einer elektromagnetischen Welle dar. Wieder woanders erregt, zeigt sich das magische Material, Raum genannt, als Teilchen. Nichts Fremdes und „Physikalisches" ist im Raum eingebettet. Alles was ist, ist aus der Geometrie heraus gestaltet. Das ist EINSTEINs Vision — nimmt sie Fleisch und Blut an?

Anhang A.
Struktur der Einsteinschen Geometrodynamik

§ 24. „Ableitung" der „Einstein-Hamilton-Jacobi"-Gleichung

Wie kann man, ohne die EHJ-Gleichung 12 (oder 13) zu kennen, sie von plausiblen Grundannahmen her ableiten, ohne durch den Formalismus der Einsteinschen Feldgleichungen zu gehen? Es scheint nur billig zu sein, eine derartige Ableitung der EHJ-Gleichung zu finden, da man für die Feldgleichungen bereits fünf verschiedene Ableitungen kennt:

i) EINSTEINs Originalableitung, die auf der Korrespondenz mit der Newtonschen Gravitationstheorie fußt.

ii) WEYLs Ableitung geht auf eine Aufstellung aller jener Differentialausdrücke zurück, die Ableitungen der g_{ik} von nicht höherer als zweiter Ordnung enthalten und in dieser höchsten Ordnung linear sind

iii) HILBERTs Ableitung mittels eines Variationsprinzips

iiii) CARTANs Einsicht [44] in den geometrodynamischen Inhalt der Feldgleichungen [45] und

iiiii) Die Ableitung nach GUPTA, THIRRING und FEYNMAN, die von der Feldtheorie eines Teilchens, ohne Ruhemasse und Spin 2, im flachen Raum ausgehen.

Der zentrale Ausgangspunkt der vorzuschlagenden Ableitung scheint die „Einbettbarkeit" zu sein. Der Erfahrung nach darf man verlangen, daß die gewünschte Hamilton-Jacobi-Gleichung, natürlich immer zusammen mit dem Interferenzprinzip, jene 3-Geometrien herausgreift, die in eine 4-Geometrie passen.

In welcher Weise würde man die „Einbettungsbedingung" verletzen, ließe man den Differentialoperator in (13) unverändert, ersetzte aber den Ausdruck $^{(3)}R$ durch sein Quadrat oder irgendeine andere Funktion dieses Krümmungsskalars? Ohne die Frage direkt zu beantworten, kann man sagen, daß die spezielle Form der Gleichung in direkter Weise vom 4-dimensionalen Charakter der Raum-Zeit abhängt. Mit folgender Behauptung läßt sich die Geometrodynamik am einfachsten beschreiben:

(Krümmung) = (Dichte der Masse-Energie).

In den gegenwärtigen Betrachtungen berücksichtigt man nicht das Vorhandensein einer „echten" Masse-Energie. Die Gleichung so aufzuschreiben, als wäre ein solcher Term auf der rechten Seite vorhanden, deutet auf den tensoriellen Charakter der Gleichung hin. Diese Größe hängt daher nicht nur von der Wahl des Punktes ab, sondern auch von der Richtung des Einheits-Vierervektors in diesem Punkte. Diese Umstände beleuchten die Bedeutung des Krümmungsterms auf der linken Seite [44, 45]. Er hat mit der Krümmung der 4-Geometrie in der Normalebene des betrachteten Vierervektors zu tun. Gut! Aber wir betrachten nicht nur die Bedingungen an diesem einen Punkt, sondern an einer dreifach unendlichen Anzahl von Punkten, die eine raumartige 3-Geometrie bilden. Diese 3-Geometrie ist nicht notwendigerweise „frei von äußerer Krümmung" („Der Tensor K_{ij} der äußeren Krümmung" oder die „zweite Fundamentalform" verschwindet) an dem betrachteten Punkt. Sollte es so sein, ausgezeichnet! Die gewünschte Krümmung wird dann direkt durch die skalare Krümmungsinvariante $^{(3)}R$ der Geometrie gegeben, die der an diesem Punkt befindlichen 3-Geometrie eigen ist. Eine nicht verschwindende „äußere Krümmung" der 3-Geometrie relativ zur umhüllenden 4-Geometrie verursacht jedoch eine zusätzliche Korrektur. Um die richtige Krümmung der 4-Geometrie in der Tangentialebene zu erhalten, muß man diese Beiträge berücksichtigen:

$$(\mathrm{Sp}\ \boldsymbol{K})^2 - \mathrm{Sp}\ \boldsymbol{K}^2 + {}^{(3)}R$$

(Gauss-Codazzi-Formel).

Warum nimmt man gerade diese spezielle bilineare Form des Tensors K_{ij} der äußeren Krümmung und nicht irgendeine andere [46]? Das wird dann ziemlich klar, wenn man den Spezialfall einer flachen 4-Geometrie betrachtet. In diesem Falle müssen die Korrektionsglieder den Ausdruck $^{(3)}R$ exakt kompensieren. Die 3-Geometrie sei am betrachteten Punkt mit ihren Krümmungshauptachsen ϱ_1, ϱ_2, ϱ_3 in die 4-Geometrie eingebettet. Die skalare Krümmungsinvariante beträgt

$$^{(3)}R = -\frac{2}{\varrho_2\,\varrho_3} - \frac{2}{\varrho_3\,\varrho_1} - \frac{2}{\varrho_1\,\varrho_2}.$$

Der Unterschied im Vorzeichen, verglichen mit dem vertrauten Ausdruck $^{(3)}R = \dfrac{6}{a^2}$ einer Kugel mit dem Radius a, entspringt der Tatsache, daß die „Krümmungsradien" in einer 4-Geometrie mit der Signatur $-+++$ gemessen wurden. Der Tensor der äußeren Krümmung lautet dann

$$
\boldsymbol{K} = \begin{Vmatrix} \dfrac{1}{\varrho_1} & 0 & 0 \\[2mm] 0 & \dfrac{1}{\varrho_2} & 0 \\[2mm] 0 & 0 & \dfrac{1}{\varrho_3} \end{Vmatrix}.
$$

Man trachtet nun aus diesem Tensor Ausdrücke zu gewinnen, die

    i) bilinear in den Kehrwerten der ϱ_i sind

    ii) keine Terme $1/\varrho_1^2$ usw. enthalten und

    iii) $^{(3)}R$ kompensieren.

Diese drei Forderungen führen eindeutig auf die obige Formel. Durch die hier aufgezeigten Schritte ist man keineswegs näher an die beabsichtigte Ableitung der EHJ-Gleichung herangekommen, aber sie helfen uns vielleicht, die Art und Weise einer solchen Ableitung zu erahnen.

§ 25. Einiges über die Beziehung der Hamilton-Jacobi-Methode zu den konventionellen analytischen Lösungen der Feldgleichungen

Die Ansicht, die Hamilton-Jacobi-Gleichung sei ein vielversprechender Weg, die allgemeine Relativitätstheorie zu begründen, schließt nicht ein, daß die Feldgleichungen ihre Bedeutung, Probleme der allgemeinen Relativitätstheorie zu lösen, verlieren. Die Hamilton-Jacobi-Gleichung und die Bewegungsgleichung stehen sowohl in der Geometrodynamik als auch in der Teilchenmechanik in einem engen Zusammenhang. Selbst in den einfachsten Beispielen sind die beiden Methoden untrennbar. Die Lagrange-Gleichung,

$$m \frac{d^2 x}{dt^2} + \frac{\partial V}{\partial x} = 0$$

kann man durch direkte numerische Methoden lösen. Man kann sie auch in den Hamilton-Jacobi-Formalismus übersetzen und folgende Gleichung hinschreiben:

$$-\frac{\partial S}{\partial t} = \left(\frac{1}{2m}\right)\left(\frac{\partial S}{\partial x}\right)^2 + V(x, t).$$

Auch sie kann mit einer einfachen numerischen Methode gelöst werden (das (x, t) Kontinuum wird durch ein Gitter $t = n\tau$, $x = m\delta$ ersetzt; die Differentialgleichung geht in eine Differenzengleichung über). Die wirksamste Methode jedoch, diese Differentialgleichung zu lösen, besteht bekanntlich darin, als Start wieder zur Lagrange-Gleichung zurückzukehren. Zuerst berechnet man $S(x, t)$, aber nicht überall, sondern nur entlang der klassischen Weltlinie oder Entwicklungsgeschichte, H,

$$x = x_H(t)$$

$$\dot{x} = \frac{dx_H(t)}{dt};$$

damit wird

$$s(t) = S(x_H(t), t) = \int_{t_0}^{t} \left[\tfrac{1}{2} m\, \dot{x}_H^2 - V(x_H(t), t)\right] dt$$

oder im allgemeinen Problem mit der Lagrange Funktion L

$$s(t) = S(x_H(t), t) = \int_{t_0}^{t} L(\dot{x}_H, x_H, t)\, dt.$$

Die Kenntnis von S entlang einer Weltlinie ermöglicht uns, innerhalb eines Bandes um diese Weltlinie, S mit Hilfe folgender Beziehungen zu bestimmen:

$$\begin{pmatrix} \text{Änderung der Wirkung } S \\ \text{pro Änderung der} \\ \text{Ortskoordinate } x \end{pmatrix} = (\text{Impuls}) = \frac{\partial L}{\partial \dot{x}} \quad \text{(allgemein)}$$

$$= m\, \dot{x}_H(t) \qquad \text{(hier)}$$

und

$$-\begin{pmatrix}\text{Änderung der Wirkung} \\ \text{pro Änderung der} \\ \text{Zeit } t\end{pmatrix} = (\text{Energie}) = \dot{x}\,\frac{\partial L}{\partial \dot{x}} - L \quad (\text{allgemein})$$

$$= \frac{1}{2}\,m\,\dot{x}_H^2 + V\left(x_H(t),\,t\right) \quad (\text{hier}).$$

Die Hamilton-Jacobi-Funktion $S(x,\,t)$ beträgt daher an diesem Punkt

$$x = x_H(t^*) + \delta x$$

$$t = t^* + \delta t,$$

der sich ein wenig abseits der Weltlinie befindet,

$$S(x,\,t) = s(t^*) + \left(\frac{\partial S}{\partial x}\right)\delta x + \left(\frac{\partial S}{\partial t}\right)\delta t.$$

Sie stellt die „klassische Phase", oder die mit $\hbar$ multiplizierte Phase der quantenmechanischen Wellenfunktion dar.

Für eine infinitesimal verschobene Weltlinie kann man dieselbe Rechnung noch einmal durchführen und erhält so S_{neu} in einem Band um die neue Weltlinie. Die Interferenzbedingung zwischen der „alten" und „neuen Welle"

$$S(x,\,t) = S_{\text{neu}}(x,\,t)$$

ergibt sofort die ursprüngliche Lösung der Bewegungsgleichung und die gesamte Entwicklungsgeschichte H, die zu dieser Lösung gehört. Genauso verfährt man in der Geometrodynamik!

Mit Hilfe einer bekannten Lösung der Einsteinschen Feldgleichungen läßt sich die Hamilton-Jacobi-Funktion $S\,(^{(3)}\mathcal{G})$ innerhalb eines gewissen schmalen Bandes im Superraum bestimmen. Zu diesem Zweck beginnt man am einfachsten mit einer der bekannten analytischen Lösungen der Feldgleichungen. Die 4-Geometrie sei in der Form

$$ds^2 = g_{\alpha\beta}\,dx^\alpha\,dx^\beta$$

geschrieben, wobei die Metrik-Koeffizienten $g_{\alpha\beta}$ gewisse bekannte Funktionen der vier Koordinaten x^μ sind. So ausgedrückt, umfaßt die 4-Geometrie die dynamische Entwicklungsgeschichte H der 3-Geometrie des Raumes. Sie definiert auch im Superraum eine Teilmannigfaltigkeit H. Wie lassen sich nun innerhalb dieser Teilmannigfaltigkeit die Werte der Hamilton-Jacobi-Funktion bestimmen? Zuerst definiere man das Äquivalent zur Anfangszeit t_0 des Einteilchenproblems. Im allgemeinen ist das für jeden 3-Raum-Punkt eine andere Zahl $t_0(x, y, z)$ und formt so eine raumartige Anfangswert-Hyperfläche σ_0, die die gegebene 4-Geometrie durchschneidet. Dann definiere man das Äquivalent zum Punkt $(x_H(t_0), t_0)$, entlang der klassischen Entwicklungsgeschichte. Es ist dies der „augenblickliche Zustand der Geometrie des Raumes" auf der Hyperfläche σ_0, und zwar die durch die Metrik

$$ds^2(\sigma_0) = \left[g_{00}\left(\frac{\partial x^0}{\partial x^m}\right)\left(\frac{\partial x^0}{\partial x^n}\right) + 2g_{0m}\left(\frac{\partial x^0}{\partial x^n}\right) + g_{mn} \right] dx^m \, dx^n$$

definierte 3-Geometrie $^{(3)}\mathcal{G}_0$. Genauso definiert man das Äquivalent zu den Einteilchenkoordinaten t und $x_H(t)$. Man schreibe $t = t(x, y, z)$ vor, wodurch eine raumartige Hyperfläche σ gegeben ist, und berechne die zugehörige Metrik $ds^2(\sigma)$, die wiederum eine 3-Geometrie „entlang der klassischen Entwicklungsgeschichte H" definiert. Durch ein vierfaches Integral erhält man die Werte der klassischen Phasenfunktion entlang der klassischen Entwicklungsgeschichte. Die Integrationsgrenzen im Gebiet der Raum-Zeit werden durch die beiden Hyperflächen σ_0 und σ festgelegt. Es hat die Form:

$$s(\sigma) = \int\limits_{\sigma_0}^{\sigma} \mathcal{L}(x^\alpha) \, d^4 x.$$

Die Lagrange-Dichte $\mathcal{L}$ wird etwa bei ARNOWITT, DESER und MISNER ([2] und auch GMD & IFS) angegeben. Man betrachte nun im Superraum einen „Punkt" $^{(3)}\mathcal{G}$, der etwa von dem auf H liegenden „Punkt" $^{(3)}\mathcal{G}^*$ verschoben ist. Welchen Wert besitzt S für diese neue 3-Geometrie? Der Unterschied der beiden 3-Geometrien läßt sich am einfachsten durch den Unterschied der Metrikkoeffizienten an den entsprechenden

Punkten charakterisieren:

$$\delta g_{mn}(x, y, z) = g_{mn}(x, y, z; \sigma) - g_{mn}(x, y, z; \sigma^*).$$

Diese Differenz in den 3-Geometrien muß mit dem Wert des konjugiert geometrodynamischen Impulses $\pi^{mn}(x, y, z)$ im Punkt $^{(3)}\mathscr{G}^*$ der klassischen Entwicklungsgeschichte H multipliziert und integriert werden, um die Änderung in der Hamilton-Jacobi-Funktion zu ergeben. Die Details über die Definition und die Berechnung von π^{mn} findet man etwa in GMD & IFS. Innerhalb eines dünnen Bandes im Superraum kann man daher schreiben:

$$S\left(^{(3)}\mathscr{G}\right) = s(\sigma^*) + \int \pi^{mn} \, \delta g_{mn} \, d^3 x.$$

Anhang B. Struktur des Superraumes

§ 26. Beziehung zwischen der Struktur der Einstein-Hamilton-Jacobi-Gleichung und der Struktur des Superraumes

Die Raum-Zeit ist das Reich der Teilchendynamik. Der Superraum ist das Reich der Geometrodynamik. Wie verschieden ist doch unsere Kenntnis dieser beiden „Reiche". In der Teilchendynamik nimmt man die Struktur der Raum-Zeit als gegeben hin: eine überall flache Minkowski-Lorentz-Mannigfaltigkeit. In der Geometrodynamik hat man die Struktur des Superraumes als gänzlich von innen heraus definiert zu betrachten, also durch die spezielle Form der „Einstein-Schroedinger-Gleichung" selbst. Symbolisch schreiben wir diese Gleichung als

$$-\frac{\nabla^2 \psi}{(\delta\, ^{(3)}\mathscr{G})^2} + {}^{(3)}R\psi = 0.$$

Die Frage nach der Struktur dieser Gleichung bedeutet daher nicht mehr oder weniger, als nach der Struktur des Superraumes selbst zu fragen.

Wenn eine gegebene 3-Geometrie nicht die maximale Symmetrie besitzt, ist es zweckmäßig, diese im Superraum eher mit einer ganzen Klasse von Punkten zu identifizieren als mit einem einzigen Punkt. Auf diese Weise läßt sich, einer Bemerkung Professor STEPHEN SMALES zufolge, im Superraum die Einführung „konischer Singularitäten" vermeiden.

Kennt man einmal die Quantentheorie, läßt sich mittels des Korrespondenzprinzips die klassische Theorie leicht und eindeutig folgern:

$$\psi \cong \begin{pmatrix}\text{sich langsam ändernder}\\ \text{Amplitudenfaktor}\end{pmatrix} e^{\left(\frac{iS}{\hbar}\right)}.$$

Kennt man hingegen nur die klassische Theorie, ist es normalerweise schwer oder gar unmöglich, eindeutig die Form der quantenmechanischen Wellengleichung zu finden [47]. Das Beispiel eines Teilchens, das sich in einem vorgeschriebenen äußeren elektromagnetischen Feld bewegt, illustriert am besten diese Behauptung. Kennt man nur die Hamilton-Jacobi-Gleichung

$$g^{\alpha\beta}\left(\frac{\partial S}{\partial x^\alpha} + \frac{eA_\alpha}{c}\right)\left(\frac{\partial S}{\partial x^\beta} + \frac{eA_\beta}{c}\right) + m^2 c^2 = 0$$

allein, gibt es keine Möglichkeit zwischen Schroedinger-, Klein-Gordon-, oder Dirac-Gleichung oder irgendeiner anderen Wellengleichung für einen höheren Spin zu unterscheiden. Sie alle führen bei einem geeignet geführten halbklassischen Grenzübergang zur gleichen Hamilton-Jacobi-Gleichung. In der Geometrodynamik ist es ähnlich. Niemand weiß einen befriedigenden Weg, um von der „Einstein-Hamilton-Jacobi-Gleichung" (12, 13)

$$\left(\frac{\nabla S}{\delta\,{}^{(3)}\mathscr{G}}\right)^2 + {}^{(3)}R = 0$$

auf eine eindeutige „Einstein-Schroedinger-Gleichung" zu gelangen [48].

Die Mehrdeutigkeit in der Form der Wellengleichung im Falle des Teilchens wird stark eingeschränkt, sobald man sich durch Beobachtung oder durch andere Fakten Kenntnis des Spins verschafft hat [49]. Mit anderen Worten, man muß zusätzlich zur Hamilton-Jacobi-Gleichung auch die „Struktur des Konfigurationsraumes" kennen, um eine wohldefinierte Wellengleichung zu erhalten. Daher unsere Frage: Welche Struktur hat der Superraum?

Die Struktur des Superraumes enträtseln? Kaum in einem Sprung, und kaum heute! Ein stufenweises Eindringen in den Fragenkomplex ist eher angebracht, hält man sich die Geschichte des Elektromagnetismus, die der Struktur des Atoms oder die irgendeines anderen Zweiges der Physik vor Augen. Zumindest drei Stufen der Analyse sind aufzuzeigen. Erstens, man kennt schon die Struktur bezüglich der klassischen Geometrodynamik:

a) Der Superraum besitzt eine Hausdorff-Topologie (STERN [4]).

b) Der Superraum ist mit einer indefiniten Metrik ausgestattet, die durch den Ausdruck [50] $(1/2g)$ $(g_{ik} g_{jl} + g_{il} g_{jk} - g_{ij} g_{kl})$ definiert ist und in der Hamilton-Jacobi-Gleichung [12] auftritt.

Zweitens, man sucht in der Struktur des Superraumes nach jenen Merkmalen, die dann eine besondere Rolle spielen, wenn der Raum seine Topologie ändert. Drittens hofft man schließlich jene tieferen Eigenschaften des Superraumes zu erkennen, die dem normalen Raum seine Dimensionalität, seine metrische Struktur und seine Fähigkeit geben, elektromagnetische Felder und Neutrinos mit Lichtgeschwindigkeit fortzupflanzen. Es ist angebracht, die Struktur des Superraumes ein wenig eingehender in all diesen drei Stufen zu diskutieren.

§ 27. Stufe 1: Klassische Geometrodynamik; Topologie ändert sich nicht

In der klassischen Geometrodynamik ändert sich die Topologie des Raumes nicht. Der Raum mag „sich anschicken", seine Topologie zu ändern, kann aber im Rahmen der klassischen Theorie diesen Wechsel nicht wirklich ausführen [51]. Er kann höchstens seine „Absicht" kundtun, seine Topologie zu ändern, indem er irgendwo eine Krümmung entwickelt, die ohne obere Schranke anwächst (Gravitationskollaps [18]). Um das Phänomen des Kollaps weiter analysieren zu können und um Änderungen in der Topologie zu behandeln, wird man gezwungen, den Rahmen der klassischen Theorie zu verlassen. Solange man innerhalb der klassischen Theorie verbleibt, hat man sich in einem dynamischen Problem auf eine Topologie zu beschränken. Welche Topologien sind akzeptierbar?

Am vertrautesten ist jene Topologie in der Theorie EINSTEINs, die der Geometrie in und um ein verdünntes Anziehungszentrum, etwa der Sonne, zugeordnet ist. Die Geometrie, gekrümmt in geringer Entfernung, wird asymptotisch flach in großer Entfernung. Die Topologie, zum Unterschied von der Geometrie, ist euklidisch: E_3 oder $R \times R \times R$. In einem größeren Rahmen jedoch betrachtete EINSTEIN den Raum um einen Stern herum als Teil eines Raumes, der alle Sterne umfängt [52], und diesen als geschlossenen und mit der Topologie einer 3-Kugel, S_3, ausgestattet. Die Argumente dafür, den Raum als geschlossen zu betrachten, wurden besonders von ihm stark betont [53].

Man erhält einen neuen Grund, um den Raum als geschlossen zu betrachten, wenn man sich vorstellt, wie schwer es ist, „einen offenen und asymptotisch flachen Raum" im Zusammenhang mit der Quantengeometrodynamik zu definieren: Jene $^{(3)}\mathscr{G}$, die mit überwältigender Wahrscheinlichkeit auftreten, sind überall, im Maßstab der Planckschen Länge gemessen, mit allerlei Arten von Runzeln und anderen geometrischen Strukturen ausgestattet. In keiner Richtung, wie weit man auch gehen mag, verschwindet diese Struktur. Unter diesen Umständen ist es schwer, dem Begriff „asymptotisch flach" eine wohldefinierte Bedeutung zuzuordnen. Andererseits kennt man mehr als ein Beispiel eines Raumes, der offen und nicht asymptotisch flach ist und der mit zunehmender Entfernung immer chaotischer wird [54]. Da man keine Möglichkeit hat, einen offenen Raum vom anderen als „gut" zu unterscheiden, scheint es beim gegenwärtigen Stand der Untersuchungen gerechtfertigt zu sein, alle offenen Räume von der

Betrachtung auszuschließen. Diese Methode hat den Vorteil, daß es möglich erscheint, die verschiedenen Typen von geschlossenen 3-Geometrien einfach durch klassifizierende Zahlen, ähnlich den Betti-Zahlen, zu unterscheiden [55]. Im Gegensatz dazu ist „asymptotisch flach", selbst in einem Zusammenhang, wo es zutreffend ist, viel schwieriger zu formulieren [56].

Es ist möglich, aus der Mannigfaltigkeit mit der Topologie E_3 einen Block von der Form eines Würfels herauszuschneiden und die Topologie des 3-Torus, $S_1 \times S_1 \times S_1$, zu erhalten. Auf einer Mannigfaltigkeit mit dieser Topologie treten, zufolge unveröffentlichter Betrachtungen von BRILL und AVEZ, für das Anfangswerteproblem der klassischen Geometrodynamik in gewissen Fällen Schwierigkeiten auf. Es ist denkbar, daß diese Schwierigkeiten andeuten, die Topologie $S_1 \times S_1 \times S_1$ sei nicht akzeptierbar. Man ist beinahe versucht zu sagen, diese Topologie habe ein „defektes Gen" von der Eltern-Topologie E_3 geerbt.

Ein weiteres „schwarzes Gen", das man wohl ausschließen sollte, ist die Nichtorientierbarkeit. Wir nehmen im wesentlichen an, daß der „Transport" eines rechtsorientierten Handschuhs ihn niemals als linksorientierten zum Ausgangspunkt zurückbringen soll.

Verträglich mit diesen sehr verlockenden Auswahlprinzipien für „annehmbare Topologien" ist die 3-Kugel (S_3); die 3-Kugel mit einem Henkel oder „Wurmloch" $(S_2 \times S_1 = W_1)$; und die 3-Kugel mit n Wurmlöchern (W_n). Es gibt möglicherweise noch weitere Topologien, die nicht in dieser Aufstellung enthalten sind [55].

§ 28. Festgelegte Topologie schließt eine geometrodynamische Erklärung von Teilchen und Feldern aus

Nimmt man S_3 als die bekannteste der „annehmbaren Topologien" als Beispiel, kann man klassisch eine reiche Vielfachheit physikalischer Vorgänge diskutieren und quantitativ behandeln. Darunter befinden sich Gravitationsstrahlung [38], gravitationelle Geonen [20], die Planetenbewegung, Kollision und Zerfall von Geonen [20], das Taub-Modell eines expandierenden und wieder kontrahierenden Universums [57] und andere noch komplexere Weltmodelle [38]. Trotzdem ist man in der Physik, die man in irgendeines dieser Modelle hineinbringen kann, begrenzt. Man hat keinen Platz für Teilchen, noch kann man klassisch die letzten Vorgänge des Gravitationskollaps berechnen. Diese Begrenzungen scheinen miteinander nicht in Beziehung zu stehen. In der klassischen Theorie stehen sie nicht in Beziehung. Unter diesem Gesichtspunkt bleibt die Geometrie des Raumes für immer an eine eindeutige Topologie gebunden. Im rein quantengeometrodynamischen Modell der Physik ist das nicht so. Dort wird (i) ein Teilchen dargestellt, als Raum, der zwischen verschiedenen Topologien resoniert [58], und (ii) werden die letzten Stufen des Gravitationskollaps als Kopplung der makroskopischen Bewegung mit der mikroskopischen Topologie verstanden („Wasserfall und Schaum"). Schließt man von der Betrachtung alle Änderungen der Topologie aus, wie das in der klassischen Theorie geschieht, so verschließt man sich das Verständnis für die Existenz von Teilchen auf Grund der hier vertretenen Ideen. Die Teilchen müssen dann als fremde und physikalische Dinge eingeführt werden und der Raum muß als Träger des Geschehens und nicht als strukturelles Material gesehen werden. Teilchen und andere Felder haben in diesem begrenzten Rahmen der Konzeption ihre eigenen Freiheitsgrade, die über diejenigen der Geometrie hinausgehen. Insbesondere das elektromagnetische Feld wird als eigene Wesenheit zusätzlich zur Geometrie betrachtet.

Man hat versucht, Elektromagnetismus als Aspekt der Geometrie zu betrachten. Dieses Unterfangen beschränkt sich von selbst auf jenen klassischen Ideenrahmen, der die submikroskopischen Schwankungen in der Geometrie und in der Topologie des Raumes nicht beachtet. Ein Versuch hat einen gewissen, aber kleinen Erfolg gehabt. Die Gleichungen zweiter

Ordnung von MAXWELL und die von EINSTEIN konnten zu einem Gleichungssystem vierter Ordnung kombiniert werden, das nur mehr von geometrischen Größen selbst abhängig ist [59]. Das Maxwell-Feld wird durch die „Fußspuren", die es in der Geometrie des Raumes hinterläßt, erkannt. In einem gewissen Sinne sind diese „Fußspuren" bereits das elektromagnetische Feld; daher der Name „bereits einheitliche Feldtheorie" der Gravitation und des Elektromagnetismus. Aber obwohl diese Theorie in anderen Beziehungen den dynamischen Inhalt der Gleichungen von MAXWELL und EINSTEIN wiedergibt, stellt es sich heraus, daß sie nicht fähig ist, das Anfangswertproblem zu behandeln. Geometrische Messungen an einer raumartigen Anfangs-Hyperfläche allein genügen nicht immer, um die zukünftige Entwicklung der Geometrie in der Zeit vollständig zu bestimmen [60]. Anders ausgedrückt, läßt sich in der „schon vereinheitlichten Feldtheorie" die strikte Trennung zwischen „Bewegungsgleichungen" und „Anfangswertangaben für diese Gleichungen" nicht mehr streng aufrechterhalten. Und doch hat man durch harte Erfahrungen aus der Hamilton-Jacobi-Theorie und der Quantentheorie gelernt, auf dieser Trennung zu bestehen. Das elektromagnetische Feld kann daher, ähnlich wie ein Teilchen, kaum anders behandelt werden, als ein fremdes und „physikalisches" Ding, welches in den Raum eingelegt ist, solange man die mikroskopische Geometrie des Raumes unberücksichtigt läßt.

§ 29. Formalismus des Feldes, wenn es als „Fremdes und Physikalisches" behandelt wird

In diesem nicht-geometrischen oder „Träger"-Zugang zur Physik betrachtet man die Freiheitsgrade dieser „fremden und physikalischen" Dinge als zusätzlich zu denen der Geometrie. Das einfachste Beispiel, wo nur ein einziges solches Ding betrachtet wird, ist das reine quellenfreie elektromagnetische Feld. Man schreibt dann die Hamilton-Jacobi-Funktion und die Schrödingersche Wahrscheinlichkeitsamplitude in der

Form

$$S = S\left(g_{ik}(x, y, z), A_m(x, y, z)\right) \quad \text{bzw.} \quad \psi = \psi(g_{ik}, A_m).$$

Ähnliches gilt, wenn mehrere Felder einbezogen werden. Selbst auf dieser Ebene der Analysis liefert die geometrische Betrachtung einen Beitrag. Die Hamilton-Jacobi-Funktion, die augenscheinlich von den einzelnen Komponenten der Metrik und des elektromagnetischen Vektorpotentials abhängt, muß aber tatsächlich als Funktion der 3-Geometrie $^{(3)}\mathcal{G}$ und der 2-Form $\boldsymbol{B} = \boldsymbol{dA}$ verstanden werden. Konsequenterweise kann sich S nicht ändern, wenn „das Gummituch, auf dem die Koordinaten aufgemalt sind", in einer derartigen Weise im Raum verschoben wird, daß ein Punkt P, der früher die Koordinaten x^i gehabt hat, nun die Koordinaten $x^i - \xi^i$ annimmt. Ähnliches gilt für den Punkt $P + dP$, der vorher die Koordinaten $x^i + dx^i$ gehabt hat und nun die Koordinaten

$$x^i + dx^i - \xi^i - \left(\frac{\partial \xi^i}{\partial x^j}\right) dx^j$$

annimmt. Die Entfernung dieser beiden Punkte bleibt natürlich durch den Wechsel der Koordinaten unverändert:

$$ds^2 = g_{ij}(x^s)\, dx^i\, dx^j$$
$$= g_{ij}^{\text{neu}}(x^s - \xi^s)\, (dx^i - \xi^i_{,m}\, dx^m)\, (dx^j - \xi^j_{,n}\, dx^n).$$

In erster Ordnung beträgt die Änderung der Metrikkoeffizienten als Funktion der Verschiebung

$$\delta g_{ij} = g_{ij}^{\text{neu}} - g_{ij} = \left(\frac{\partial g_{ij}}{\partial x^s}\right) \xi^s + \xi_{i,j} + \xi_{j,i} = \xi_{i|j} + \xi_{j|i},$$

wobei der Index $|j$ die kovariante Ableitung im Raum der 3-Geometrie bezüglich der j-Komponente darstellt. Auf ähnliche Weise bestimmt man die Änderung des elektromagnetischen Vektorpotentials

$$\delta A_i = A_i^{\text{neu}} - A_i = A_{i,s}\, \xi^s + A_j\, \xi^j_{,i}.$$

Diese Änderungen in den Metrikkoeffizienten und in den Potentialen, die im ganzen Raum stattfinden, ändern natür-

lich auch die Hamilton-Jacobi-Funktion. Dies läßt sich durch
die Funktionalableitungen von S ausdrücken:

$$\delta S = \int \left[\left(\frac{\partial S}{\delta g_{ij}} \right) \delta g_{ij} + \left(\frac{\partial S}{\delta A_i} \right) \delta A_i \right] d^3 x.$$

Eine bloße Verschiebung der Koordinaten kann jedoch keine
echte physikalische Änderung hervorrufen. Die Größe δS muß
daher, unabhängig von der speziellen Wahl der Verschiebungen ξ^i, folgerichtig verschwinden. Die Konsequenzen dieser
Koordinateninvarianz können leicht aufgezeigt werden. Die
auftretenden funktionellen Ableitungen haben eine wohldefinierte physikalische Interpretation. Der geometrodynamische Impuls [2, 3]

$$\pi^{ij} = \frac{\delta S}{\delta g_{ij}}$$

ist konjugiert zur geometrodynamischen Feldkoordinate g_{ij}.
Er steht in enger Beziehung mit der „äußeren Krümmung"
K^{ij} der 3-Geometrie, bezogen auf die noch zu konstruierende
4-Mannigfaltigkeit. Die andere Ableitung

$$\mathfrak{E}^i = \frac{\delta S}{\delta A_i},$$

der elektrodynamische Impuls konjugiert zum Vektorpotential
A_i, stellt nichts anderes dar, als das elektrische Feld. Diese
Größe genügt der Divergenzbedingung [61]

$$\mathfrak{E}^i_{,i} = 0.$$

Die Bedingung, daß S invariant gegenüber Koordinatenwech-
sel ist, nimmt folgende Form an:

$$0 = \delta S = \int \left[\pi^{ij} (\xi_{i|j} + \xi_{j|i}) + \mathfrak{E}^i (A_{i,j}\, \xi^j + A_j\, \xi^j_{,i}) \right] d^3 x.$$

Partielle Integration, geeignete Umordnung der Indizes und
Anwendung der Divergenzbeziehung ergibt

$$0 = \int \left[-2\,\pi^{|s}_{js} + \mathfrak{E}^i (A_{i,j} - A_{j,i}) \right] \xi^j\, d^3 x.$$

Dieser Ausdruck muß für beliebige Felder der Koordinaten-
verschiebungen verschwinden. Die Größe in der eckigen

Klammer hat daher zu verschwinden. Auf diese Weise findet man jene drei Einsteinschen Feldgleichungen, die die Krümmung des Raumes mit der Poynting-Flußdichte der elektromagnetischen Feldenergie verbinden [62]:

$$2\,\pi_{sj}^{|s} = (\mathfrak{E} \times \boldsymbol{B})_j\,.$$

Es ist bemerkenswert, wieviel man — selbst der Poynting-Vektor ist enthalten — aus der grundlegenden Forderung an S herausholen kann: Es ist die Forderung, S solle nicht von den Komponenten g_{ij} und A_i einzeln abhängen, sondern sie soll nur eine Funktion der koordinatsunabhängigen Größen sein, die mit Komponenten „gekleidet" werden können [63].

Kann man die Elektrodynamik in der geometrischen Sprache ausdrücken? Ja. Kann man die Fußabdrücke des elektromagnetischen Feldes in der Geometrie des Raumes sehen? Ja. Kann man die klassisch geometrodynamische elektrische Ladung als Kraftlinien, die in der Topologie des Raumes gefangen sind, auffassen? Ja. Kann man geometrisch die „Notwendigkeit" für Elektromagnetismus und andere „physikalische" Dinge erklären? Nein. Nicht innerhalb der Klassischen Geometrodynamik mit ihrer sich niemals ändernden Topologie.

§ 30. Stufe 2: Raum resonierend zwischen 3-Geometrien verschiedener Topologien

Eine neue Welt eröffnet sich für die Analyse in der Quantengeometrodynamik. Das grundlegend neue Konzept ist ein Raum, der zwischen verschiedenen schaumartigen Strukturen resoniert. Für den vielfach zusammenhängenden Raum auf submikroskopischen Abständen spricht keine Eigenschaft der Natur stärker, als das Auftreten der elektrischen Ladung. Zumindest so eindrucksvoll wie die Ladung ist die Vorherrschaft des Spins $\frac{1}{2}$ in der ganzen Welt der Elementarteilchen. „Es ist unmöglich, eine Beschreibung der Elementarteilchen zu akzeptieren, die keinen Platz für den Spin $\frac{1}{2}$ vorsieht."

Dieses Zitat aus dem Buch *Geometrodynamics* [64] aus dem Jahre 1962 geht wie folgt weiter: „Was hat dann irgendeine rein geometrische Beschreibung für die Erklärung des Spins $\frac{1}{2}$ zu bieten? Noch spezieller und wichtiger ist die Frage nach dem Platz, den das Neutrino in der Quantengeometrodynamik einnimmt. Es ist das einzige Teilchen mit halbzahligem Spin, das ein reines Feld für sich selbst darstellt (keine Ruhemasse; bewegt sich mit Lichtgeschwindigkeit). Bis heute gibt es darauf noch keine klare und befriedigende Antwort. Solange darauf keine Antwort erfolgt, *„muß man die reine Quantengeometrodynamik als für die Physik der Elementarteilchen unzureichend betrachten"*. Glücklicherweise hat man, besonders durch die Beiträge von JOHN MILNOR [65], mehr Einsicht in den Begriff der Spin-Mannigfaltigkeit gewonnen. Dieser Begriff legt eine neue und interessante *Interpretation des Spinor-Feldes* im Rahmen der resonierenden Mikrotopologien in der Quantengeometrodynamik nahe. *Dieser Begriff verbindet mit der Wahrscheinlichkeitsamplitude sonst identischer 3-Geometrien, ausgestattet mit alternierenden „Spinstrukturen", die nicht klassische Zweiwertigkeit.*

§ 31. Die „Version" oder die „Lage-Verdrill-Beziehung"

Eine Zustandsbeschreibung eines Objektes, die nicht nur den Begriff der Orientierung beinhaltet, sondern auch angibt, ob ein ursprünglich definierter Standardzustand bezüglich der Umgebung nach einer geraden oder ungeraden Anzahl von 2π-Drehungen erreicht werden kann. Der Begriff „Version" wird mathematisch durch Einheitsquaternionen oder Versoren dargestellt.

Spin und Topologie, wie hängen sie zusammen? Man nehme einen Würfel (Abb. 9). Man befestige an einer Ecke eine lange elastische Schnur. Das andere Ende der Schnur befestige man in der entsprechenden Ecke des Zimmers. Mit sieben anderen elastischen Schnüren verbinde man in gleicher Weise die Ecken des Würfels mit den entsprechenden Ecken des Zimmers. Nun wähle man eine durch die Mitte des Würfels gehende Rotationsachse und drehe ihn um 360°.

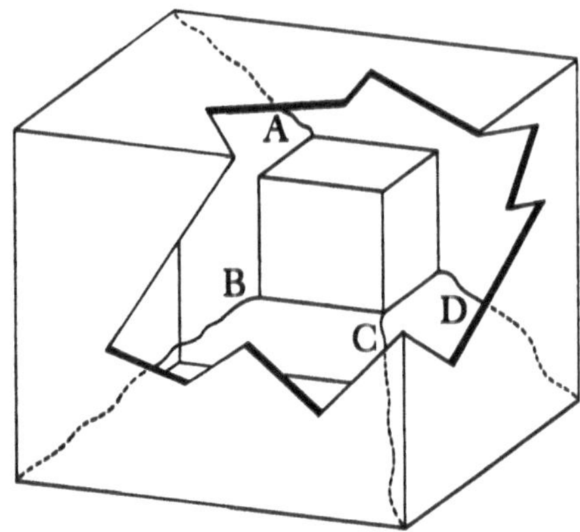

Abb. 9. Die elastischen Schnüre, die am inneren Würfel befestigt sind,
geben Aufschluß über die „Version" oder die „Lage-Verdrill-Beziehung" des Würfels mit seiner Umgebung

Der Würfel nimmt seine ursprüngliche Lage wieder ein.
Nicht so die Schnüre, die nun verdrillt sind. Sieht man von
Schnitten ab, gibt es keinen Weg sie zu entwirren. Folglich
benötigt man mehr als die Angabe der Lage, um die Beziehung
des Würfels zu seiner Umgebung zu beschreiben. Die notwendige Notierung wird durch einen Spinor geliefert

$$s = \begin{pmatrix} \xi \\ \eta \end{pmatrix}.$$

Hat die Drehachse die Winkel α, β, γ im x-, y-, z-Koordinaten-
system, so wird der Spinor s nach einer Drehung um den
Winkel θ in den Spinor $s' = qs$ transformiert. In den verschiedenen Bezeichnungssystemen besitzt das Quaternion q
bekanntlich die Werte:

$$q = \cos \tfrac{1}{2} \theta + \sin \tfrac{1}{2} \theta \, (i \cos \alpha + j \cos \beta + k \cos \gamma)$$

$$(\text{mit } ij = -ji = k, \text{ usw.})$$

$$= \cos \tfrac{1}{2} \theta - i \sin \tfrac{1}{2} \theta \, (\sigma_x \cos \alpha + \sigma_y \cos \beta + \sigma_z \cos \gamma)$$

$$(\text{mit } i = (-1)^{\tfrac{1}{2}} \text{ und } \sigma_x \sigma_y = -\sigma_y \sigma_x = i \sigma_z, \text{ usw.})$$

$$= \left\| \begin{array}{cc} (\cos \tfrac{1}{2} \theta + i \sin \tfrac{1}{2} \theta \cos \gamma) & \sin \tfrac{1}{2} \theta \, (\cos \beta - i \cos \alpha) \\ \sin \tfrac{1}{2} \theta \, (-\cos \beta - i \cos \alpha) & (\cos \tfrac{1}{2} \theta - i \sin \tfrac{1}{2} \theta \cos \gamma) \end{array} \right\| .$$

Die wichtige Eigenschaft ist der Vorzeichenwechsel nach einer Drehung um $360°$: $q\,(360°) \cdot s = -s$. Die Drehung um $360°$ ändert, was man am besten als die „Lage-Verdrill-Beziehung" bezeichnen könnte, zwischen dem Würfel und seiner Umgebung. Der Spinor berücksichtigt diese „Beziehung". Zwei aufeinanderfolgende Drehungen um $360°$ bringen den Würfel wieder in die ursprüngliche „Lage-Verdrill-Beziehung" mit seiner Umgebung zurück. Man hat den Eindruck, die Schnüre seien nun zweimal so stark verdrillt als vorher. Nichtsdestoweniger können sie vollständig entwirrt werden, wie man sich durch Versuch oder durch einfaches Argumentieren leicht selbst überzeugen kann [66, 67].

Man nehme eine beliebige Stellung des Würfels an, nenne sie die „Standard-Lage-Verdrill-Beziehung" zu seiner Umgebung und ordne ihr den Spinor $\binom{0}{1}$ zu. Man verfahre so mit allen anderen Punkten des Raumes. Man beachte nur, daß sich die „Standard-Lagen" kontinuierlich von Punkt zu Punkt ändern sollen.

Ein spezieller Fall ist eine orientierbare 3-Geometrie [68], die mit einem Henkel oder einem Wurmloch ausgestattet ist. In Gedanken kann man den Würfel nun entweder „durch den unmittelbar umgebenden Raum", oder „durch das Wurmloch" von A nach B bewegen. Von zwei Würfeln, die mit identischen Farbmustern ausgestattet sind, nehme der eine die eine, der andere die andere Route. Man kann nun die sinnvolle physikalische Frage stellen, ob die beiden Würfel in B dieselbe Lage-Verdrill-Beziehung besitzen [67]. Wenn das nicht der Fall ist, so ändere man die Definition der Standard-Lage innerhalb des Wurmloches durch eine Rotation. Man lasse die Rotation kontinuierlich von $0°$ in der bei A befindlichen Henkelöffnung bis $360°$ in der bei B befindlichen Henkelöffnung anwachsen. Außerhalb des Wurmloches befindet sich in jedem Punkt ein Dreibein mit den Achsen a, b, c, das die Richtung der Würfelachsen definiert, wenn sich der Würfel dort in seiner Standard-Lage befindet. Diese Drei-

beine werden durch die Änderungen, die innerhalb des Wurmloches vorgenommen wurden, nicht beeinflußt. Sie ändern
ihre Richtung von Punkt zu Punkt so kontinuierlich wie
immer. An der Stelle der Wurmlochöffnungen erfolgt der An-
schluß an die neuen Wurmloch-Dreibeinfelder genauso glatt
wie mit den alten Dreibeinfeldern des Wurmloches. Auf diese
Weise hat man schließlich ein überall kontinuierliches Feld
von „Standard-Lage-Verdrill-Beziehungen" aufgebaut. In
gleicher Weise ist das zugeordnete Spinorfeld kontinuierlich
und hat überall den Wert $\begin{pmatrix} 0 \\ 1 \end{pmatrix}$, während es früher irgendwo
einen diskontinuierlichen Sprung zu seinem negativen Wert
aufwies. Nun kann man mit der mathematischen Sprache das
Erreichte formulieren: 1. Man hat auf die Mannigfaltigkeit
eine „Spinstruktur" aufgeprägt. Diese Struktur wird durch
das Feld der Dreibeine, oder „durch die Klasse der homotopisch äquivalenten Felder" definiert. 2. Man hat auf die
Mannigfaltigkeit ein „Spinorfeld" aufgeprägt. Dieses Spinorfeld ist in bezug auf eine gegebene „Spinstruktur" definiert.
Natürlich können auch andere Spinorfelder aufgeprägt werden,
deren Komponenten sich ebenfalls kontinuierlich von Punkt
zu Punkt ändern.

§ 32. Die 2^n möglichen Spinstrukturen
in einem n-fach zusammenhängenden Raum

Man beginne wieder mit einer anderen geschlossenen
orientierbaren 3-Mannigfaltigkeit, die mit der ursprünglichen
Topologie und Metrik ausgestattet ist. Man könnte hoffen,
eine annehmbare Spinstruktur auf dieser neuen Mannigfaltigkeit zu erhalten, indem man das gleiche Feld der Dreibeine übernimmt, die der alten Mannigfaltigkeit angehört
hatte. Es kann sein, daß diese Vermutung für die spezielle
Mannigfaltigkeit, die man gerade herausgegriffen hat, zu-
trifft. In diesem Fall behalten zwei gleichgefärbte Würfel
ihre gegenseitige Lage-Verdrill-Beziehung bei, wenn sie auf

„zwei nichtäquivalenten Routen von A nach B" gebracht werden. Die Vermutung kann jedoch auch ebenso falsch gewesen sein. Die Konsequenzen sind dann direkt. Die beiden Würfel, wie vorhin von A nach B gebracht, natürlich immer nach den entsprechenden Dreibein-Feldern ausgerichtet, sind in B nicht mehr äquivalent in bezug auf eine Drehung um 360°. Diese Nichtäquivalenz in der Lage-Verdrill-Beziehung kann man ferner im Prinzip durch eine physikalische Messung feststellen [67]. Die „Spinstruktur" der ursprünglichen Mannigfaltigkeit trifft somit nicht mehr auf die neue Mannigfaltigkeit zu. Um der neuen Mannigfaltigkeit gerecht zu werden, muß man die Orientierung des Dreibeinfeldes innerhalb des Wurmloches in bezug auf eine 360°-Drehung ändern, oder einen gleichwertigen Wechsel durchführen. Der Unterschied zwischen der neuen und der alten Mannigfaltigkeit läßt sich folgendermaßen beschreiben: die zwei Mannigfaltigkeiten haben die gleiche Topologie und Metrik, aber nichtäquivalente „Spinstrukturen". *Der Unterschied zwischen den beiden Mannigfaltigkeiten ist nicht nur ein mathematischer, sondern auch ein physikalischer.*

§ 33. Der mehrblättrige Charakter des Superraumes

In der Physik ist eine geschlossene orientierbare 3-Mannigfaltigkeit durch die Angabe ihrer Topologie, ihrer differentiellen Struktur und ihrer Metrik noch nicht vollständig bestimmt. Man muß noch zusätzlich ihre Spinstruktur angeben. Die Spinstruktur, wie die Metrik, kann im Prinzip beobachtet werden. Für die Zwecke der Quantengeometrodynamik ist es daher nicht genug, eine Wahrscheinlichkeitsamplitude einer im ursprünglichen Sinne verstandenen „3-Geometrie" [3]$\mathcal{G}$ zuzuordnen. Man muß einen neuen Parameter einführen. Dieser zweiwertige Parameter, w_k, steht für je eines der n-Wurmlöcher der Mannigfaltigkeit, um die zwei nichtäquivalenten Arten zu unterscheiden, die die Spinstruktur im Innern des Wurmloches haben kann. Das neue erweiterte

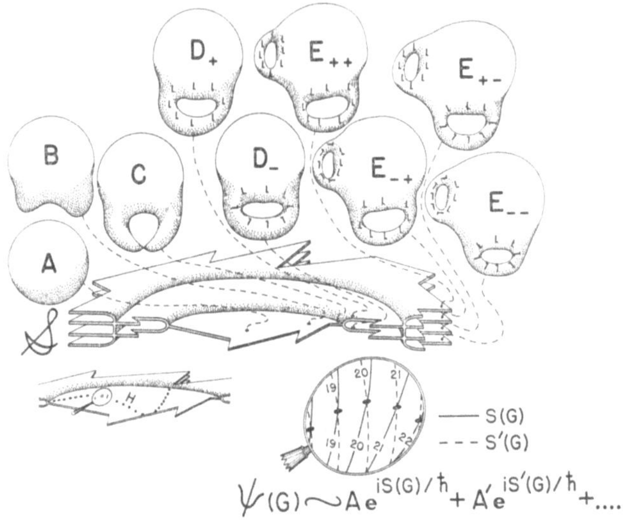

$$\psi(G) \sim A\, e^{iS(G)/\hbar} + A'\, e^{iS'(G)/\hbar} + \dots$$

Abb. 10. Der vielblättrige Charakter des Superraumes

Konzept einer 3-Geometrie $^{(3)}\mathscr{G}$ fügt diese Parameter der kontinuierlichen Unendlichkeit der Parameter hinzu, die ursprünglich allein zur Unterscheidung der einzelnen 3-Geometrien, $^{(3)}\mathscr{G}^{\text{alt}}$, gedient hatten. Daher

$$^{(3)}\mathscr{G} = \left(^{(3)}\mathscr{G}^{\text{alt}};\ w_1,\ w_2,\ \dots,\ w_n\right)$$

und

$$\psi\left(^{(3)}\mathscr{G}\right) = \psi\left(^{(3)}\mathscr{G}^{\text{alt}};\ w_1,\ w_2,\ \dots,\ w_n\right).$$

In jenen Regionen des Superraumes, wo die 3-Geometrie mit n-Wurmlöchern ausgestattet ist, nimmt der *Superraum einen mehrblättigen Charakter, bestehend aus 2^n verschiedenen Blättern, an* (Abb. 10).

Es liegt auf der Hand, für den neuen Parameter die Werte $+1$ und -1 zu wählen. Die eine „Spinstruktur" ist jedoch nicht ungewöhnlicher als die andere und es wurde noch nie eine Methode vorgeschlagen, die die eine vor der anderen bevorzugen würde. Es ist daher völlig gleichgültig, welcher

„Spinstruktur" man den Wert $+1$ und welcher den Wert -1 zuordnet.

Das Wort „Spinstruktur" kann irreführend sein. Es legt die Vermutung nahe, es sei etwas Besonderes, auf die Mannigfaltigkeit „ein Spinorfeld aufzuprägen". Es beschwört die Vision herauf, auch andere Felder auf die 3-Geometrie aufzuprägen, die nicht das Transformationsgesetz der Spinorgruppe $SU(2)$ besitzen, sondern jenes der $SU(n)$- oder $SL(n)$-Gruppe. Der wesentliche Punkt der ganzen Analyse ist jedoch nicht das Spinorfeld, sondern das Feld der Dreibeine und deren Lage-Verdrill-Beziehungen. Es gibt nichts im Konzept der „Spinstruktur", das man nicht auch, sogar mit weniger Mißverständnis, durch die Phrase „Dreibeinstruktur" hätte ausdrücken können. Es gibt ferner nicht die geringsten Anzeichen dafür, daß es in einer abgeschlossenen orientierbaren 3-Mannigfaltigkeit noch andere Strukturen gibt, die ans Licht gebracht werden könnten. Folglich betrachten wir die $^{(3)}\mathcal{G}$ in ihrem neuen und erweiterten Sinne als die vollständige Menge aller Variablen, von denen ψ abhängt, und die vollständige Beschreibung der Konfiguration des Raumes. Das heißt, wir nehmen die neue $^{(3)}\mathcal{G}$ als eine Menge kommutierender Observabler, die im Sinne der Quantenmechanik vollständig ist und sich daher für die Analyse der Wahrscheinlichkeitsamplitude eignet.

Wir fügen der Geometrie kein Spinorfeld zu. Ganz im Gegenteil. Wir nehmen ein Spinorfeld von der Geometrie weg. Eine 3-Geometrie, vermehrt durch eine „Spinstruktur" [wie es beispielsweise durch die Beschreibung $(w_1, w_2, \ldots, w_5) = (+1, +1, +1, -1, +1)$ ausgedrückt werden könnte] ist eine mögliche Wohnung für ein Spinorfeld, aber wir haben die Bewohner hinauskomplimentiert.

Sollte der Spin $\frac{1}{2}$ in natürlicher Weise im Rahmen der Quantengeometrodynamik auftreten, so kann er kaum anders auftreten als PAULI über den Spin von allem Anfang an gedacht hatte, eben als eine „nichtklassische Zweiwertigkeit".

Bereits in unserem Formalismus ist eine nichtklassische Zweiwertigkeit unvermeidbar. Einer 3-Geometrie mit dem Parameter $w_k = +1$ und einer sonst identischen 3-Geometrie mit dem Parameter $w_k = -1$ werden verschiedene Wahrscheinlichkeitsamplituden zugeordnet. Bedeutet dieser Umstand, daß die Quantengeometrodynamik den ganzen Rechenformalismus zur Behandlung der Felder mit Spin $\frac{1}{2}$ im allgemeinen und des Neutrinofeldes im besonderen liefert? Das ist der Vorschlag. Innerhalb der Einsteinschen allgemeinen Relativitätstheorie und des Planckschen Quantenprinzips ist dies die einzige Erklärung für den Spin, die jemals gefunden worden ist. Ist dies der richtige Weg? Es ist schwer eine andere Frage zu finden, die entscheidender für die Beurteilung des „Alles aus der Geometrie" ist.

§ 34. Elektromagnetismus als ein statistischer Aspekt der Geometrie? Andere Fragen

Man wäre versucht, die Behandlung des obigen Fragenkomplexes abzubrechen, hätte er nicht zu so vielen Nebenfragen die Türe aufgestoßen.

i) Wenn sich ein neuer Henkel entwickelt und sich dadurch die Zahl der Parameter um einen erhöht, welche Randbedingung im Superraum verbindet die Wahrscheinlichkeitsamplitude ψ für 3-Geometrien der ursprünglichen Topologie mit den Wahrscheinlichkeitsamplituden ψ_+ und ψ_-, für die zwei „Spinstrukturen" der neuen Topologie?

ii) Es wäre wünschenswert, für jedes sich neu entwickelnde Wurmloch die „Teilamplitude zu beschreiben, mit der ψ nach ψ_+ geht". Berücksichtigt man jedoch die phantastische Anzahl der Wurmlächer, die normalerweise auftreten ($\sim 10^{99}/\mathrm{cm}^3$), so scheint eine Einzelbeschreibung hoffnungslos zu sein. Genauso unpraktisch ist es, einzeln die Orientierung der $\sim 10^{23}$ Spins eines Ferromagneten zu beschreiben. Man spricht besser von einer „Dichte der Magnetisierung" und von „Magnons", den Quanten der Störungen dieser Dichte [71]. Was sind nun die analogen Größen und Konzepte in der Geometrodynamik? Welche statistische Methode ist am besten geeignet, die vielen „Anpassungsverhältnisse" ψ_+/ψ zu beschreiben, die all den entstehenden Wurmlöchern in der Geometrie zugeordnet sind?

iii) Der Begriff „Magnetisierung" besitzt nicht die geringste Bedeutung in subatomaren Abständen. Ist der Begriff „Elektromagnetisches Feld" ebenfalls ohne submikroskopische physikalische Bedeutung? Oder anders ausgedrückt, gibt es unter den statistischen Parametern, die sich zur Beschreibung der 10^{99} „Anpassungsverhältnisse"/cm³ am besten eignen, *eine bestimmte Menge von statistischen Parametern, die man mit dem elektromagnetischen Feld identifizieren kann?*

§ 35. Das Beispiel der 2-Geometrien

Niemand kann über die Physik der Topologieveränderungen im 3-Raum Fragen stellen, ohne zumindest auf die Mathematik der Topologieveränderungen im 2-Raum ein Auge geworfen zu haben. Der Superraum, der auf allen 3-Geometrien aufgebaut ist, ist keinem mathematischen Objekt ähnlicher als dem Superraum, „der auf allen 2-Geometrien aufgebaut ist" Es ist das Verdienst RIEMANNs, dieses mathematische Objekt gründlich studiert zu haben. Es ist derselbe BERNHARD RIEMANN, der lehrte, die Raumkrümmung sei ein Teil der Physik, und der die mathematische Methode lieferte, nicht nur die Krümmung (der Riemannsche Krümmungstensor $R_{\alpha\beta\gamma\delta}$), sondern auch die Topologie (die Betti-Zahlen, R_n) zu beschreiben.

In seiner Veröffentlichung von 1857 stellte RIEMANN fest, daß alle algebraischen 2-Geometrien, die mit der Topologie einer 2-Kugel ausgestattet sind, untereinander unter einer konformen Abbildung (Multiplikation aller drei Koeffizienten durch einen gemeinsamen ortabhängigen Faktor λ) äquivalent sind. Die Äquivalenzklasse der konform äquivalenten 2-Geometrien der gegebenen Topologie (S_2; oder „Geschlecht $g = 0$") besteht somit nur aus einem einzigen Objekt. Es stellt daher einen „Punkt" in einem Raum dar, den man im Sinne unserer Definition nicht als Superraum selbst, sondern als „reduzierten Superraum" bezeichnet — reduziert in dem Sinne, daß die „$(\infty^2)^\infty$" Freiheitsgrade in λ aus dem Superraum „ausgesiebt" sind.

2-Geometrien mit der Topologie eines Torus (T_2; oder ein Wurmloch, W_1; oder „Geschlecht $g = 1$"), sind, wie RIEMANN gezeigt hat, nicht alle unter einer konformen Abbildung zueinander äquivalent. Betrachtet man die äquivalenten 2-Geometrien der Topologie T_2, so erhält man vielmehr ein komplexes Kontinuum der Dimension 1 (zwei reelle Dimensionen) [72]. 2-Geometrien, die mit einer größeren Anzahl von Wurmlöchern ausgestattet sind (Topologie W_g; Geschlecht $g \geqq 2$), werden nach Abzug der konformen Freiheitsgrade durch eine Familie von Objekten beschrieben, die $3g - 3$ komplexe Parameter ($6g - 6$ reelle Parameter) aufweisen. Der „reduzierte Superraum", der auf der Gesamtheit der konform äquivalenten geschlossenen orientierbaren 2-Geometrien aller Topologien aufgebaut ist, scheint daher aus einer Reihe nichtzusammenhängender Räume zu bestehen, deren erster die Dimension 0, deren zweiter die Dimension 1, der nächste die Dimension 3, der nächste die Dimension 6 usw. hat. Seit den Tagen RIEMANNs wurden jedoch große Fortschritte in der Analysis, dank der Anstrengung vieler Forscher, gemacht [73]. Heute weiß man, besonders durch die Arbeiten von LIPMAN BERS, wie man einen einzigen unendlichdimensionalen reduzierten Superraum zu konstruieren hat, in dem sich die offensichtlich ungleichartigen Teile glatt einfügen [74]. Welch ein Modell für die mathematische Behandlung des Superraumes der allgemeinen Relativitätstheorie! Und dennoch hat man trotz des Risikos der Überforderung mehr zu verlangen. Der Superraum der Physik darf keinen „konformen Faktor ausgesiebt haben". Vielmehr soll er auch alle Parameter w_k der „Spinstruktur" enthalten. Wie soll man die Stücke *dieses* Superraumes glatt zusammenfügen? Das ist ein herausforderndes Problem, mitten im Herz der Quantengeometrodynamik!

§ 36. Andere Aspekte des Superraumes

Warum richtet man soviel Aufmerksamkeit auf die Struktur des Superraumes? Warum spricht man nicht explizit die Form der ,,Einstein-Schrödinger-Gleichung'' aus? Für das eher einfache Problem eines Teilchens, das sich im flachen 3-Raum bewegt, hatte es Schrödinger relativ leicht, seine Wellengleichung abzuleiten. Einfache Betrachtungen über die Invarianz von V^2 gegenüber Translation und Rotation zeigten, daß dieser einfache Differentialoperator der einzige ist, der in Betracht kommen kann. Dies klargestellt, war es dann nur mehr Sache des Korrespondenzprinzips mit der klassischen Physik um den Rest zu bekommen. Man kann hoffen, daß ähnliche zwingende Gründe die detaillierte mathematische Gestalt jenes Ausdruckes festlegen wird, den wir bis jetzt nur symbolisch hingeschrieben haben:

$$\frac{V^2\psi}{(\delta^{(3)}\mathscr{G})^2}.$$

Mit einer präzisen Formulierung solcher Betrachtungen wird man wohl solange warten müssen, bis man von den Transformationseigenschaften des Superraums ungefähr soviel weiß, wie von denen des 3-Raumes. Daher legt man soviel Betonung auf die Struktur des Superraumes.

Ein derart tiefes Problem läßt sich von vielen Standpunkten aus betrachten. Sechs weitere Aspekte des Superraumes scheinen der Erwähnung wert zu sein. Man kann sie unter den folgenden Namen zusammenfassen: ,,Metrik'', ,,Restkausalität'', ,,Anfangswert'', ,,konjugierter Impuls'', ,,Kollaps'' und ,,Vorgeometrie''.

1. Es gibt kaum einen hilfreicheren Führer zur Struktur des Superraumes, als die Metrik, die dort die Form

$$\left(\frac{1}{2g}\right)(g_{ik}g_{jl}+g_{il}g_{jk}-g_{ij}g_{kl})$$

annimmt. Für die aufschlußreichste Diskussion dieser Metrik, die es heute gibt, sei auf die Arbeit von B. DeWitt [2] verwiesen.

2. Diese Metrik hat einen zugeordneten „Lichtkegel". Wegen dieses „Lichtkegels" erfolgt die Fortpflanzung anisotropisch im Superraum. Der Charakter dieser Anisotropie ändert sich jedoch von Ort zu Ort, je nachdem [3] R positiv oder negativ ist. Dem Superraum wird wegen dieser Anisotropie eine Art „Restkausalität" auferlegt. CHARLES W. MISNER wies anläßlich einer Unterhaltung darauf hin, man dürfe diese Restkausalität nicht vergessen, wenn man sagt, daß die Begriffe „Vorher" und „Nachher" im Gebiet der Planckschen Länge ihre Bedeutung verlieren. Man kann vielleicht noch weiter ausführen: War das Kausalitätsprinzip eine Hilfe in der Analyse der flachen Raum-Zeit-Struktur, dann kann es kaum anders als auch im Studium der Superraumstruktur eine Hilfe zu sein.

§ 37. Tangentenvektoren des Superraumes und das klassische Anfangswertproblem

3. In der klassischen Mechanik eines Teilchens ist man daran gewöhnt, die Werte x_0 und $(dx/dt)_0$ frei festzulegen. Diese Anfangsbedingungen legen die gesamte zukünftige Entwicklungsgeschichte des Teilchens fest. Welches sind nun die analogen Anfangswertangaben in der klassischen Geometrodynamik? Man könnte sagen: Man nehme eine kontinuierliche ein-parametrige Familie von 3-Geometrien, die etwa in einem bestimmten Koordinatensystem durch die sechs Metrikkoeffizienten $g_{ik}(x, y, z, \lambda)$ bestimmt ist. Diese einparametrige Familie diene nun dazu, Angaben analog zu x_0 und $(dx/dt)_0$ des Ein-Teilchen-Problems zu definieren. $^{(3)}\mathscr{G}_0$ steht daher für die Metrikklasse äquivalent zu $g_{ik}(x, y, z; 0)$, und $(d\,^{(3)}\mathscr{G}/d\lambda)_0$ ist der „Tangentenvektor im Superraum" definiert durch den Ausdruck $[\delta g_{ik}(x, y, z; \lambda)/\delta\lambda]_{\lambda=0}$, *modulo* der Gruppe der Koordinatentransformationen.

Es ist leicht, durch eine bloße Koordinatenverschiebung eine Änderung der Geometrie vorzutäuschen. Die Koordinaten seien so verschoben, daß der Punkt P, der früher die Koordinaten x^i hatte, nun durch die Koordinaten $x^i - \lambda \zeta^i$ beschrieben wird. Das Vektorfeld ζ^i ist eine kontinuierliche Funktion des Ortes. Die Metrik g_{ik} ändert sich durch diese Verschiebung zu

$$g_{ik} + \lambda (\zeta_{i|k} + \zeta_{k|i}).$$

Die Ableitung $(d\,^{(3)}\mathscr{G}/d\lambda)_0$ ist $\zeta_{i|k} + \zeta_{k|i}$, *modulo* der Gruppe der Koordinatentransformationen. Diese Größe kann aber, aus Gründen ihrer Herleitung, offensichtlich durch eine Koordinatentransformation zum Verschwinden gebracht werden. Folglich haben wir in diesem Falle keine echte Änderung in der Geometrie. Man kann also nicht jedes sonst vernünftig ausschauende Wertefeld $(\delta g_{ik}/\delta\lambda)_0$ erlauben, ohne das Risiko einer Täuschung einzugehen. Man wünscht sich also, was in GMD & IFS [2] als 3-Geometrie (mit „akzeptierbarer" Topologie) genannt wurde, und eine „benachbarte" 3-Geometrie um — wie man glaubt (zentrale Hypothese) — imstande zu sein, die gesamte Zukunft und Vergangenheit des Raumes und damit einer vollständigen 4-Geometrie zu bestimmen. Aber wenn man durch die Beschreibung einer angeblich „benachbarten" 3-Geometrie „getäuscht" worden ist, kann es sein, daß man bloß die ursprüngliche 3-Geometrie noch einmal beschreibt. In diesem Fall hat man nur die Hälfte der notwendigen Anfangswertangaben, um die Dynamik vorauszusagen. Man kann die Situation im Rahmen der 4-Geometrie zunächst als bekannt annehmen und auf folgende Weise neu formulieren. Man mache einen raumartigen Schnitt durch die 4-Geometrie. Man erhält so die eine 3-Geometrie, die als wesentlicher Teil der Anfangswertangaben gefordert wurde. Dieser eine Schnitt reicht aber nicht aus, um die eine 4-Geometrie von anderen, verschiedenen 4-Geometrien zu unterscheiden, die als Schnitt die gleiche 3-Geometrie ergeben. Um die Auswahl der gegebenen 4-Geometrie vollständig zu machen, errichte man in allen Punkten der 3-Geometrie die Vektoren λn^α, die eine kontinuierliche Funktion des Ortes sind. Die neue Hyperfläche, definiert durch die Spitzen der Vektoren, besitzt Koordinaten, die mit denen der ursprünglichen Hyperfläche kontinuierlich zusammenhängen. Nun berechne man die Metrikkoeffizienten $g_{ik}(x, y, z; \lambda)$ auf dieser Hyperfläche. Man kann sagen, die neue Hyperfläche sei gegenüber der alten nach „vorne geschoben" worden. Aber wurde sie wirklich? Ja sie wurde, wenn die Normalkomponenten von λn^α nirgends verschwinden. In unveröffentlichen Bemerkungen haben jedoch HANS OHANIAN und ELLIOT BELASCO darauf hingewiesen, daß es möglicherweise ganze Regionen auf der Hyperfläche gibt, wo die Normalkomponente von λn^α verschwindet. In diesem Falle hat man nicht wirklich im ganzen [4]$\mathscr{G}$ die Hyperfläche vorgeschoben. Die zweite Komponente der Anfangswertangaben, die Ableitungen $(\delta g_{ik}/\delta\lambda)_0$, sind dann für die Zwecke der elliptischen Anfangswertgleichung einfach unzulänglich [75]. Die Tatsache, daß hier $(\delta g_{ik}/\delta\lambda)_0$ in der Form $\zeta_{i|k} + \zeta_{k|i}$ geschrieben werden kann, beleuchtet diese Situation. In anderen Gebieten *ist* die 3-Geometrie in der Zeitrichtung nach vorne verschoben worden. Diese Situation wird dadurch beleuchtet, daß nun $(\delta g_{ik}/\delta\lambda)_0$ nicht mehr in der Form $\zeta_{i|k} + \zeta_{k|i}$ repräsentiert werden kann. Dies trifft im allgemeinen zu, außer in speziellen Umständen (zeitsymmetrisches Anfangswertproblem; g_{ik} hängt nicht von λ sondern von λ^2 ab (in diesem Fall betrachtet man den Ausdruck $(\delta g_{ik}/\delta\lambda^2)$), die durch geeignete Sorgfalt im Formalismus behandelt werden.

Der Versuch, die gesamte Situation in folgender Form zusammenzufassen, liegt auf der Hand: *Es sei ein Punkt und eine „voll entwickelte Richtung" in diesem Punkt des Superraumes gegeben. Dann (Hypothese!) ist diese Information zusammen mit den Gleichungen EINSTEINs ausreichend, eindeutig die ganze 4-Geometrie zu bestimmen.* Der Ausdruck „Punkt im Superraum" schließt, wie früher, die Forderung ein, daß die in Frage stehende 3-Geometrie eine akzeptierbare Topologie besitzt. Der Ausdruck „voll entwickelte Richtung" schließt die Forderung ein, daß es in der 3-Geometrie keinen Punkt gibt, wo die Größe $(\delta g_{ik}/\delta\lambda)_0$ (oder, wenn sie verschwindet, die Größe $(\delta g_{ik}/\delta\lambda^2)_0$) in der Form $\zeta_{i|k} + \zeta_{k|i}$ ausgedrückt werden kann. Kurz gesagt, stellt der Superraum einen neuen Zugang zum klassischen Anfangswertproblem dar? Und umgekehrt, wirft das Anfangswertproblem ein neues Licht auf das Konzept der „Richtung" im Superraum?

4. Der Superraum ist auf dem Begriff der 3-Geometrie aufgebaut; aber dynamisch konjugiert zur 3-Geometrie ist der geometrodynamische Impuls mit seinen Komponenten π_{ij}. Aus diesen Objekten, mit all den verschiedenen Topologien, die *sie* haben können, läßt sich ein „konjugierter Superraum" aufbauen. Was sind *seine* Eigenschaften?

5. Keine Krise in der Physik macht sich beharrlicher bemerkbar, als der Gravitationskollaps. Kein anderes Phänomen verbindet so unmittelbar die Welt des sehr Großen mit der Welt des sehr Kleinen. Welche Einsichten kann man durch den Begriff des Superraumes in die Ursache und in die Folgen des Gravitationskollaps gewinnen?

6. Wie weit kann man in der Analyse der Eigenschaften des Superraumes gehen, ohne in die Probleme der „Vorgeometrie" zu geraten?

§ 38. Stufe 3: Vorgeometrie

WEYL schreibt [76]: „... eine eingehende Erforschung einer Oberfläche könnte zeigen, daß das, was wir als Elementarstück betrachtet hatten, in Wirklichkeit mit kleinen Henkeln ausgestattet ist, die den Zusammenhängigkeitscharakter des Stückes verändern. Unter einem Mikroskop noch stärkerer Vergrößerung würde man noch weitere topologische Verwicklungen dieser Art entdecken, *ad infinitum*." Unter solchen Umständen scheint es schwierig zu sein, den Begriff der Dimensionalität auf kleinsten Längen noch aufrechterhalten zu wollen [77]. Wenn ferner Elektromagnetismus und andere Felder mit den quantenmechanischen Resonanzen des Raumes zwischen verschiedenen Topologien zu tun haben, warum soll nicht auch der Begriff der Metrik selbst ein ähnlich abgeleiteter Begriff sein, dessen Begründung auf topologische oder vortopologische — auf jeden Fall vorgeometrische — Ideen zurückgeht (der „Abstand zwischen A und B" wird letztlich etwa durch „ die Verzweigung in den Zusammenhängungen zwischen A und B" definiert)? Diese Frage kann man nicht einmal erwähnen, ohne das Quantenprinzip und die „Schöpfungsfolge", wie sie uns physikalisch erscheint, zu berücksichtigen. Unter „Schöpfungsfolge" versteht man hier: Nicht Geometrie und dann Quantenprinzip, sondern zuerst Quantenprinzip und dann Geometrie!

Es genügt, diese Fragen in aller Tiefe aufzuwerfen, um zu erkennen, in welche Schwierigkeiten man kommt, wenn man die Quantengeometrodynamik als die „endgültige" Theorie betrachtet. Die Fortschritte der Physik waren jedoch nie von einer „endgültigen" Theorie abhängig. Nichts läßt darauf schließen, die Situation sei heute anders. Während man endgültige Fragen aller Art stellen kann, gibt es keinen Grund, weshalb sie alle jetzt gelöst werden müßten! Noch dafür, daß man sie jetzt lösen *kann*! Das Thema wirft immer mehr Fragen auf, die von großem physikalischen Interesse sind und die mit wohlbekannten Methoden der Analysis behandelt werden können [78].

Anhang C. Struktur des Quantengeometrodynamischen Anfangswertproblems

§ 39. Anfangsbedingungen

Das klassische Anfangswertproblem wurde bereits diskutiert. Was kann man über das entsprechende Problem in der Quantengeometrodynamik aussagen? Wieviel Information muß man also von $\psi(^{(3)}\mathcal{G})$ auf einer geeigneten Teilmannigfaltigkeit des Superraumes haben, um diese Wahrscheinlichkeitsamplitude im ganzen Superraum voraussagen zu können? In diesem Zusammenhang sei erwähnt, daß die „Einstein-Schrödinger-Wellengleichung" von zweiter Ordnung ist. Der Charakter einer Gleichung zweiter Ordnung wirft eine Prinzipienfrage auf: Um ψ überall berechnen zu können, ist es notwendig, auf einer Hyperfläche des Superraumes nicht nur ψ, sondern auch seine Normalableitung zu wissen? Nein, deutet LEUTWYLER in einem äußerst interessanten Bericht an [79]. Er weist im Rahmen eines vereinfachten Modells darauf hin, daß die natürlichen Eigenschaften des Superraumes selbst gewisse natürliche Randbedingungen zur Folge haben. Diese reduzieren die wirksame Ordnung der Gleichung von zwei auf eins.

Tiefere Prinzipienfragen werden auch durch die eigentliche Struktur der Quantengeometrodynamik aufgeworfen. Der Wirkungsbereich der Dynamik ist nicht der Raum, sondern der Superraum. Diese Entwicklung scheint zuerst widersinnig zu sein. Wie kann jemand vernünftig über irgendeine physikalische Voraussage sprechen, wenn das Ergebnis davon abhängt, was in den unerreichbaren Regionen des Superraumes geschieht? Nichts scheint mehr mit dem Geist der Wissenschaft unvereinbar zu sein, die nur mit dem Erkennbaren arbeitet. Eine nähere Betrachtung zeigt jedoch, daß man gar nicht mit dem traditionellen Geist der Dynamik gebrochen hat, sondern nur mit Details. In der klassischen Dynamik hat man immer klar unterschieden zwischen (i) den Bewegungsgleichungen, die man zu kennen und zu verstehen hofft, und (ii) der Herkunft der Anfangsbedingungen für diese Bewegungsgleichungen — einer Herkunft, die man nicht untersuchen kann [80]. In der Quantengeometrodynamik gibt es einen ähnlichen Schnitt zwischen dem Erkennbaren und Unerkennbaren, nur erscheint er dort an einer anderen Stelle [81]. Nichts scheint die Möglichkeit auszuschließen, letztlich zu wissen, (i) wie die detaillierte Form der „Einstein-Schrödinger-Gleichung" ausschaut und ebenso die Form der sie begleitenden Struktur des Superraumes; aber was (ii) die Quelle der Anfangsbedingungen dafür betrifft, scheint es nach wie vor jenseits unserer Fähigkeit zu liegen, sie jemals zu erkennen. Glücklicherweise braucht man weder in der klassischen Dynamik noch in der Quantengeometrodynamik alle Anfangsbedingungen zu wissen, um brauchbare Voraussagen machen

zu können. Im Gegenteil, wie Wigner so oft betonte [82], ist
es die Aufgabe der Physik, die *Beziehungen* in den Beobachtungen vorauszusagen.

Literatur

1. Rosenfeld, L.: Ann. Physik 5, 113 (1930) und Z. Physik 65,
589 (1930) und Ann. Inst. Henri Poincaré 2, 25 (1932); Bergmann,
P. G.: Phys. Rev. 75, 680 (1949); Bergmann, P. G., and J. H. M.
Brunings: Rev. Mod. Phys. 21, 480 (1949); Bergmann, Penfield,
Schiller, and Zatzkis: Phys. Rev. 78, 329 (1950); Dirac, P. A. M.:
Can. J. Math. 2, 129 (1950); Pirani, F. A. E., and A. Schild: Phys.
Rev. 79, 986 (1950); Bergmann, P.: Helv. Phys. Acta, Suppl. IV,
79 (1956), Nuovo cimento 3, 1177 (1956) und Rev. Mod. Phys. 29, 352
(1957); Misner, C. W.: Rev. Mod. Phys. 29, 497 (1957); DeWitt, B. S.:
Rev. Mod. Phys. 29, 377 (1957); Dirac, P. A. M.: Proc. Roy. Soc.
(London) A 246, 326 und 333 (1958) und Phys. Rev. 114, 924 (1959);
DeWitt, B. S.: The Quantization of Geometry, ein Kapitel in
Gravitation: An Introduction to Current Research, L. Witten, Hrsg.
(New York: John Wiley & Sons 1962); Schwinger, J.: Phys. Rev.
130, 1253 (1963) und 132, 1317 (1963); Feynman, R. P.: Verviel-
fältigter Brief an V. F. Weisskopf datiert 4. Januar bis 11. Februar
1961; Acta Phys. Polon. 24, 697 (1963); *Lectures on Gravitation* (Ver-
vielfältigte Mitschriften von F. B. Morinigo and W. G. Wagner,
California Institute of Technology, 1963); Bericht in *Proceedings* of
the 1962 Warsaw Conference on the Theory of Gravitation (PWN-
Editions Scientifiques de Pologne, Warszawa, 1964); Gupta, S. N.:
Bericht in *Recent Developments in General Relativity* (New York:
Pergamon Press 1962); Mandelstam, S.: Proc. Roy. Soc. (London)
A 270, 346 (1962) und Ann. of Phys. 19, 25 (1962); Anderson, J. L.,
in: *Proceedings of the 1962 Eastern Theoretical Conference*, M. E. Rose,
Hrsg. (New York: Gordon & Breach 1963), S. 387; Khriplovich, I. B.:
Gravitation and Finite Renormalization in Quantum Electrodynamics
(vervielfältigter Bericht, Siberian Section Academy of Science,
U.S.S.R., Novosibirsk, 1965); Leutwyler, H.: Phys. Rev. 134,
B 1155 (1964); DeWitt, B. S.: Dynamical Theory of Groups and
Fields, in: *Relativity, Groups and Topology*, C. DeWitt and B. De-
Witt, Hrsg. (New York: Gordon & Breach 1964); Weinberg, S.:
Phys. Rev. 140, B 516 (1965), 135, B 1049 (1964) und 138, B 988
(1965); Markov, M. A.: Progr. Theoret. Phys. Yukawa Suppl., 1965,
S. 85.

2. Higgs, P. W.: Phys. Rev. Letters 1, 373 (1958) und 3, 66 (1959);
Arnowitt, R., S. Deser u. C. W. Misner, eine Reihe von Veröffent-
lichungen zusammengefaßt in „The Dynamics of General Relativity",
in: *Gravitation: An Introduction to Current Research*, L. Witten,
Hrsg. (New York: John Wiley & Sons 1962); Peres, A.: Nuovo

cimento **26**, 53 (1962); BAIERLEIN, R. F., D. H. SHARP, and J. A. WHEELER: Phys. Rev. **126**, 1864 (1962); Princeton A. B. Senior Thesis von D. H. SHARP, Mai 1960 (unveröffentlicht); WHEELER, J. A.: Geometrodynamics (New York: Academic Press 1962), im folgenden als G M D zitiert, und „Geometrodynamics and the Issue of the Final State", im folgenden als G M D & I F S zitiert, ein Kapitel in *Relativity, Groups and Topology*, C. DEWITT and B. DEWITT, Hrsg. (New York: Gordon & Breach 1964); DEWITT, B.: Phys. Rev. **160**, 1113; **162**, 1195; und **162**, 1239 (1967), im folgenden als Q T G zitiert.

3. WHEELER, J. A.: G M D & I F S; DEWITT, B.: Q T G.

4. STERN, MICHAEL D.: *Regularity of the Topology of Superspace*, Princeton A. B. Thesis, Mai 1967 (unveröffentlicht) und Proc. Nat. Acad. Sci. U.S.A. (zur Veröffentlichung eingereicht).

5. PENROSE, R.: *An Analysis of the Structure of Spacetime*, Adams Prize Essay (vervielfältigt für eine beschränkte Verteilung, Princeton University, Princeton, New Jersey, Dezember 1966). Er gibt darin eine herrliche Anleitung, wie man auf dem Vergangenheitslichtkegel die geometrische Information hinreichend genau vorzugeben hat, um mit Hilfe der Einsteinschen Feldgleichungen die vollständige 4-Geometrie innerhalb dieses Kegels bestimmen zu können. Es wird nur der analytische Fall behandelt (in diesem Fall macht sich der Unterschied zwischen dem „Innen" und „Außen" des Lichtkegels nicht bemerkbar), aber von allgemeinen Überlegungen her muß man erwarten, daß die in Frage stehenden Angaben im nichtanalytischen Falle nur im *Innern* des Vergangenheitslichtkegels die 4-Geometrie bestimmen. Wenn der Lichtkegel in die Zukunft statt in die Vergangenheit zeigt, sind natürlich ähnliche Überlegungen anzustellen, die man durch Vertauschen der Begriffe „Vergangenheit" mit „Zukunft" erhält, wie im Text näher ausgeführt wird. Wenn sich die Fortpflanzung weit in einen Raum variabler Krümmung bewegt, treten Schwierigkeiten in der Formulierung des Anfangswertproblems am „Lichtkegel" auf. Der Lichtkegel entwickelt dann mehr als ein Blatt. Man denke nur an die verschiedenen Donnerschläge, die man nach einer einzigen örtlich lokalisierten Explosion hört!

6. Eine Diskussion des „Beobachters" als „Sammler von ausgedruckten Daten" findet man etwa in E. F. TAYLOR and J. A. WHEELER, *Spacetime Physics* (San Franzisko: W. H. Freeman & Co. 1966).

7. Für die Vorstellung einer allgemeinen raumartigen Hyperfläche als Mannigfaltigkeit, auf der man die Größen der Quantenfeldtheorie zu messen hat, sei besonders verwiesen auf S. TOMONAGA, Progr. Theoret. Phys. **1**, 34 (1946) und J. SCHWINGER, Phys. Rev. **74**, 1449 (1948).

8. WHEELER, J. A.: G M D & I F S.

9. DEWITT, B.: Q T G

10. Das ist nur eine symbolische Schreibweise für die Interferenzbedingung. In Wirklichkeit hängt die Hamilton-Jacobi-Funktion S nicht nur von der $^{(3)}\mathcal{G}$ ab, sondern von unendlich vielen Parametern,

die die verschiedenen Lösungen der Hamilton-Jacobi-Gleichung voneinander unterscheiden. Wir schreiben daher für ein Problem mit einem Freiheitsgrad $S = S_0(x, E) + \delta(E)$ und für ein Problem mit n Freiheitsgraden $S = S_0(x_1, \ldots, x_n; \alpha_1, \ldots, \alpha_n) + \delta(\alpha_1, \ldots, \alpha_n)$. In der Geometrodynamik gibt es pro Raumpunkt zwei Freiheitsgrade, deren zugeordnete Größen etwa durch α und β bezeichnet werden. Die Unendlichkeit der frei verfügbaren Parameter möge daher durch zwei beliebige Funktionen $\alpha(u, v, w)$ und $\beta(u, v, w)$ angedeutet werden. Die ∞^3-Punkte werden durch die ∞^3-möglichen Werte für die u, v, w repräsentiert. Die u, v, w-Mannigfaltigkeit kann, muß aber nicht der x, y, z-Mannigfaltigkeit der Punkte in der 3-Geometrie gleichen („andere Möglichkeiten die Hamilton-Jacobi-Gleichung zu parametrisieren"). Auf jeden Fall schreiben wir S als ein Funktional von α und β; daher $S = S_0(^{(3)}\mathscr{G}; \alpha(u, v, w), \beta(u, v, w)) + \delta(\alpha(u, v, w), \beta(u, v, w))$. Die Interferenzbedingung wird dann zu einer Aussage über die Funktionalableitungen:

$$\frac{\delta S}{\delta \alpha} = 0$$

und

$$\frac{\delta S}{\delta \beta} = 0.$$

Dies stellt eine explizite Form der im Text vorkommenden Gl. (11) dar. Es gibt auch andere Möglichkeiten die Gleichungen für die Interferenzbedingung hinzuschreiben.

11. GERLACH, ULRICH: Bull. Am. Phys. Soc. for the Washington Meeting of April 1966, Bericht DE 7, S. 340.

12. PERES, A.: Nuovo cimento **26**, 53 (1962). Die Längeneinheit ist dort

$$\sqrt{16\,\pi\,L^*} = \sqrt{16\,\pi\,\hbar\,G/c^3}\,.$$

13. Siehe Referenzen [1] und [2].

14. BAIERLEIN, R. F., D. H. SHARP, and J. A. WHEELER: Phys. Rev. **126**, 1864 (1962).

15. Die Phrase „Dimensionalität" kann als die Bedingung für die „Einbettbarkeit" aller 3-Geometrien in eine 4-Geometrie aufgefaßt werden. Für die Ableitung der Einstein-Hamilton-Jacobi-Gleichung direkt aus Grundannahmen scheint diese Bedingung eine natürliche Ausgangsbasis zu sein (s. Anhang A).

16. MISNER, C. W.: Rev. Mod. Phys. **29**, 497 (1957); ebenso auch H. LEUTWYLER, Phys. Rev. **134**, B 1155 (1964) und B. S. DeWITT, Q T G.

17. PLANCK, M.: Sitzber. preuss. Akad. Wiss. Berlin, Math.-phys. Kl. **1899**, 440; WHEELER, J. A.: G M D.

18. Einen Überblick über das Thema des Gravitationskollaps gibt etwa B. K. HARRISON, K. THORNE, M. WAKANO, and J. A. WHEELER, *Gravitation Theory and Gravitational Collapse* (Chicago: Chicago University Press 1965), ebenso A. G. DOROSCHKEVICH, Y. B. ZEL'-

DOVICH u. I. D. NOVIKOV, J. Exptl. Theoret. Phys. **49**, 170 (1965), englische Übersetzung in Soviet Phys. JETP **22**, 122 (1966) und Y. B. ZEL'DOVICH u. I. D. NOVIKOV, Usp. Fiz. Nauk. **84**, 377 (1964) und **86**, 447 (1965), englische Übersetzung in Soviet Phys. Uspekhi **7**, 763 (1965) und **8**, 522 (1965).

19. Für eine Darstellung der quantenelektrodynamischen Berechnung des Hauptteiles der Lamb-Verschiebung im Wasserstoff unter diesen Gesichtspunkten, siehe T. A. WELTON, Phys. Rev. **74**, 1157 (1948) und F. J. DYSON, *Advanced Quantum Mechanics* (Ithaca: Cornell University 1954, vervielfältigt), S. 54.

20. WHEELER, J. A.: G M D.

21. WHEELER, J. A.: G M D und G M D & I F S; DeWITT, B. S.: Q T G und „The Quantization of Geometry", in: *Gravitation: An Introduction to Current Research*, L. WITTEN, Hrsg. (New York: John Wiley & Sons 1962).

22. Referenz [17].

23. Eine leicht verständliche Diskussion über die Identität der fluterzeugenden Komponente der Gravitationskraft und der Riemannschen Krümmung findet man etwa in E. F. TAYLOR and J. A. WHEELER, *Spacetime Physics* (San Francisco: W. H. Freeman & Co. 1966).

24. WIGNER, E. P.: The Unreasonable Effectiveness of Mathematics in the Natural Sciences, in seinem Buch *Symmetries and Reflections* (Bloomington: Indiana University Press 1967); Neuabdruck des Artikels in Comm. Pure Math. **13**, No. 1 (Februar 1960).

25. Referenz [17].

26. EDDINGTON, A. S.: *Relativity Theory of Protons and Electrons* (Cambridge: Cambridge University Press 1936) und *Fundamental Theory* (Cambridge: Cambridge University Press 1946) ebenso Proc. Cambridge Phil. Soc. **27** (1931).

27. DIRAC, P. A. M.: Nature **139**, 323 (1937) und Proc. Roy. Soc. (London) A **165**, 199 (1938).

28. JORDAN, P.: *Schwerkraft und Weltall* (Braunschweig: Vieweg & Sohn 1955) und Z. Physik **157**, 112 (1959).

29. DICKE, R. H.: Science **129**, 3349 (1959) und *The Theoretical Significance of Experimental Relativity* (New York: Gordon & Breach 1964), S. 72.

30. HAYAKAWA, S.: Progr. Theoret. Phys. **33**, 538 (1965) und Progr. Theoret. Phys. Suppl. 532 (1965).

31. Es ist zulässig, die Argumente von EDDINGTON, DIRAC, JORDAN, DICKE und HAYAKAWA vollkommen ernst zu nehmen, und somit zu glauben, daß eine physikalische Beziehung zwischen den Zahlen 10^{20}, 10^{40} und 10^{80} besteht. Es ist nicht notwendig die Vermutung zu akzeptieren, die manchmal in diesem Zusammenhang gemacht wird, die physikalischen Konstanten mögen „sich mit der Zeit ändern". Gegen solche Änderungen sprechen ständig verfeinerte Beobachtungsresultate, und keine unbestreitbaren Gründe hat man je gefunden, die für sie sprechen würden. Entsprechende Beobachtungen findet man etwa beschrieben in R. H. DICKE, Nature **183**, 170 (1959) und Nature,

November 1961; ebenso R. H. DICKE and P. J. E. PEEBLES, J. Geophys. Res. **67**, 10 und 4063 (1962) und Phys. Rev. **128**, 5 und 2006 (1962), die keine beobachtbare zeitliche Änderung der relativen Zerfallsraten der ausgewählten radioaktiven Prozesse zeigen. Es ist im Prinzip einfach, nach der zeitlichen Änderung der reziproken Feinstrukturkonstanten $\alpha^{-1} = \hbar c/e^2 = 137.03$ zu forschen. Man braucht nur die Wellenlänge der 21 cm-Linie des Wasserstoffs (rotverschoben, weil sie vor langer Zeit von einem schnell davonfliegenden weit entfernten Milchstraßensystem ausgestrahlt wurde) mit der Wellenlänge einer Linie im optischen Spektrum zu vergleichen, das die gleiche Rotverschiebung aufweist. Das Verhältnis der beiden Wellenlängen, R, ist proportional α^{-1}. Der Proportionalitätsfaktor ist eine bekannte Funktion der Ordnungszahlen der Quellenatome und entsprechender Quantenzahlen, die alle ganze Zahlen sind.

$$R = \alpha^{-1} \text{ mal einer Funktion ganzer Zahlen.}$$

Sollte die Vermutung stimmen, die physikalischen Konstanten könnten sich proportional zur Zeit (oder irgendeiner Potenz dieser Zeit), die man vom Beginn der Expansion des Universums mißt, ändern, so müßte das in den gemessenen Werten von R zum Vorschein kommen. Für eine $1,4 \times 10^9$ Lichtjahre entfernte Quelle (Fluchtgeschwindigkeitsrate $\beta = v/c = 0,1$) sollte sich der Wert von R um einige Prozent vom R einer Laborquelle unterscheiden, um eine eindeutige Aussage zu erhalten. Der Verfasser ist Professor R. MINKOWSKI aus Berkeley zu Dank verpflichtet für die folgende Zusammenfassung der beobachteten Resultate, Stand 28. Juli 1967: (i) Es besteht praktisch keine Hoffnung, die 21 cm-Linie im Spektrum jener Milchstraßensysteme zu beobachten, die so weit entfernt sind, daß sie bereits eine Fluchtgeschwindigkeitsrate von $\beta = 0,1$ aufweisen. (ii) Beobachtungen an 30 näheren Objekten wurden durchgeführt von DIETER, EPSTEIN, LILLEY, and ROBERTS, Astrophys. J. **67**, 270 (1962) und ergänzt durch ROBERTS, Astrophys. J. **142**, 148 (1965). Innerhalb der Fehlergrenzen tritt bei den Beobachtungen stets dieselbe Rotverschiebung für die 21 cm-Linie und der optischen Linien auf. Die Abschätzung des Fehlers ist schwierig, da die individuellen Bewegungen bis zu 30 % der mittleren Fluchtgeschwindigkeit $v = 1600$ km/sec ($\beta = 0,005$) ausmachen. Trotzdem kann man mit einiger Sicherheit sagen, die mögliche Änderung von α^{-1} muß kleiner als einige Prozente sein, um mit den Beobachtungen verträglich zu sein. Fast jede der verschiedenen Theorien über die Zeitabhängigkeit der Feinstrukturkonstante läßt jedoch eine Abweichung innerhalb dieser Grenzen erwarten, da in diesem Falle die Zeitspanne nur ein Zweihundertstel der Hubble-Zeit ist. (iii) Statt die Wellenlänge der 21 cm-Linie mit der Wellenlänge eines optischen Überganges zu vergleichen, kann man die Feinstrukturtrennung eines aufeinander bezogenen Linienpaares im optischen Spektrum selbst messen. Die relative Aufspaltung $\Delta\lambda/\lambda$ sollte unabhängig von der Rotverschiebung der Quelle sein, wenn α^{-1} konstant ist. Von den Beobachtungen her — R. MINKOWSKI, Astrophys. J. **123**, 373 (1956) des Cygnus A ($v = 16830$ km/sec, $\beta = 0,056$); W. Baade and R. Minkowski, Astrophys. J. **119**, 206 (1954) — läßt sich wieder mit einiger Sicherheit sagen, daß die Änderungen in der Feinstrukturkonstante weniger als einige Prozente ausmachen.

32. Das Quark, das sich so nützlich in der Beschreibung der wunderbaren Regelmäßigkeiten in der Elementarteilchenphysik erwiesen hat, wurde manchmal viel ernster genommen, als sei es der „Urbaustein" der Materie. Über das Quark siehe etwa M. Gell-Mann and Y. Ne'eman, Hrsg. *The Eightfold Way* (New York: Benjamin 1964) und F. Dyson, Hrsg. *Symmetry Groups in Nuclear and Particle Physics* (New York: Benjamin 1966). Die obige Ansicht kann oder kann auch nicht stimmen. Sollte sie stimmen und sieht man gleichzeitig in der Quantengeometrodynamik die einzig vorhandene Beschreibung der sich auf kleinsten Abständen abspielenden Vorgänge, so scheint es noch immer vernünftig zu sein, einige Vorstellungen über das Geschehen in diesen kleinsten Gebieten zu haben, um zu den Quarks und den Teilchen einen rationalen Zugang zu haben. Daß es da keine Quarks im buchstäblichen Sinne gibt, ist jedoch ein Standpunkt, der von vielen Forschern angenommen wird, wie etwa von Heisenberg und Dürr in W. Heisenberg, *Introduction to the Unified Field Theory of Elementary Particles* (New York: John Wiley & Sons 1966) und H. P. Dürr, „On the non-linear spinor theory of elementary particles", Acta Phys. Austriaca, Suppl. III (1966). Dürr hat seinen Standpunkt vielleicht noch anschaulicher dargelegt (private Mitteilung im Juni 1967), indem er etwa im wesentlichen jene Schlußfolgerungen betrachtet, die man aus der Kenntnis der ersten wenigen Dutzenden Atomenergieniveaus wie etwa von Kohlenstoff oder Eisen ziehen würde. Dazu nimmt er folgendes an: (i) gute Messungen der Energien und der Übergangsamplituden, (ii) die heutige Fähigkeit nach Symmetrien zu forschen und (iii) nicht die geringste Vorstellung über die tatsächlichen Vorgänge im Innern des Atoms. Er zeigt dann, wie sich Gruppen hoher Symmetrie bemerkbar machen. Seine Diskussion mündet in die Frage, ob der arglose Forscher nicht zu der Überzeugung kommt, das Atom sei aus Quarks aufgebaut!

33. Das stärkste Argument gegen die Anwendbarkeit der allgemeinen Relativitätstheorie auf kleinsten Abständen scheint Robert Oppenheimer in seinem Artikel „On Albert Einstein" (New York Review, 17. März 1966, S. 4, 5) zu geben: „Er arbeitete auch an einem sehr ehrgeizigen Programm, das Verständnis der Elektrizität und der Gravitation in einer solchen Weise zu verbinden, um die Teilchen, die er als den Anschein — die Illusion — der Diskretheit betrachtete, zu erklären. Ich denke es war damals klar, und ich glaube es ist heute offensichtlich klar, daß die Objekte, mit denen sich diese Theorie beschäftigte, viel zu winzig waren, und daß die Theorie zu sehr vernachlässigte, was die Physiker wußten, aber in den Studententagen Einsteins wenig bekannt war. Daher schaute sie wie ein hoffnungslos beschränktes und historisch ziemlich zufällig bedingtes Unterfangen aus."

34. Eine weitere Diskussion über die Prinzipien der Topologieänderungen findet man in § 27.

35. G M D.

36. Nach RIEMANN war es nicht mehr möglich, es als selbstverständlich hinzunehmen, der Raum sei im Kleinen euklidisch im Charakter. In seiner Habilitationsvorlesung vom 10. Juni 1854 deutete er darauf hin, daß der Raum auf submikroskopischen Abständen ziemlich gewellt sein kann und trotzdem für alle normalen Beobachtungen glatt erscheine: „Über die Hypothesen, welche der Geometrie zugrunde liegen" in seinen *Gesammelte Mathematische Werke* (H. WEBER, Hrsg., 2. Aufl. wiederabgedruckt durch Dover Publications, New York, 1953), ebenso eine Übersetzung in Nature **8**, 14 (1873) von W. K. CLIFFORD. CLIFFORD selbst ging noch weiter in seiner Vorlesung vor der Cambridge Philosophical Society am 21. Februar 1870 „On the Space-Theory of Matter" wiederabgedruckt in seinen *Mathematical Papers*, R. TUCKER, Hrsg. (London, 1882), ebenso in seinen *Lectures and Essays*, L. STEPHEN and F. POLLOCK, Hrsg. Vol. 1 (London, 1879). Er schlug die Ansicht vor, ein Teilchen bestehe aus nichts anderem als aus gekrümmtem leerem Raum, der sich vom umgebenden Raum genau durch diese lokalisierte Krümmung — und vielleicht auch in seiner Topologie — unterscheidet. In *Was ist Materie* (Berlin: Springer 1924, besonders S. 57, 58) hat HERMANN WEYL wiederum darauf hingewiesen, daß der Raum im Kleinen vielfach zusammenhängend sei und führte folgerichtig weiter aus: „Das Argument, daß die elektrische Ladung im Elektron auf einen endlichen Raum ausgedehnt sein müsse, weil es sonst eine unendlich große träge Masse besitzen würde, hat damit seine Stichhaltigkeit verloren. Man kann überhaupt nicht sagen: hier *ist* Ladung, sondern nur: diese im Felde verlaufende geschlossene Fläche schließt Ladung ein." Er führt weiter aus, daß der gigantische Unterschied zwischen den elektrischen und Gravitationskräften darauf hinzuweisen scheint, „daß für die Konstitution des einzelnen Elektrons die Anzahl aller in der Welt vorhandenen Elektronen von Bedeutung ist". ALBERT EINSTEIN und NATHAN ROSEN, Phys. Rev. **48**, 73 (1935) schlugen das Konzept zweier fast euklidischer Räume vor, die da und dort mit kleinen Brücken oder Röhren verbunden sind, durch die elektrische Kraftlinien führen. Dadurch erscheinen Ladungen des einen Vorzeichens im „oberen" Raum und entsprechende Ladungen mit entgegengesetztem Vorzeichen im „unteren" Raum. J. A. WHEELER, Phys. Rev. **97**, 511 (1955), wiederabgedruckt in G M D, schlägt hingegen das Konzept einer Röhre, eines Henkels oder „Wurmloches" vor, das zwei verschiedene Örtlichkeiten ein und desselben euklidischen Raumes miteinander verbindet. Das Universum enthält als automatische Folgerung dieser Vorstellung gleiche Beträge an positiver und negativer Elektrizität. Eine andere Folgerung ist, wie MISNER 1957 direkt mit Hilfe der Maxwellschen Gleichungen für den leeren Raum beweisen konnte, daß die Ladung oder der Fluß durch ein Wurmloch zeitlich konstant bleibt. Der Beweis (C. W. MISNER and J. A. WHEELER,

Ann. of Phys. **2**, 525 (1957), wieder abgedruckt in G M D) gilt auch dann, gleichgültig wie stark die Kraftlinien verdrillt sind, unbeschadet wie wenig Symmetrie die Geometrie des Wurmloches auch haben mag und unabhängig auch davon, wie stürmisch sich das Feld oder die Geometrie in der Folge zeitlich ändern mag. MISNER zeigte hier auch die wunderbaren Beziehungen, die zwischen der Theorie MAXWELLs in einem mehrfach zusammenhängenden leeren Raum und der Mathematik der Differentialformen und Homologie-Gruppen bestehen. In Übereinstimmung mit den klassischen Gleichungen der Elektrodynamik und der Geometrodynamik nimmt er eine determinierte zeitliche Entwicklung des Feldes und der Geometrie an. Die Betrachtung von „Wurmlöchern", eine Eigenschaft nicht der Teilchen, sondern des ganzen Raumes, auf Grund der Schwankungstheorie, wurde zuerst von J. A. WHEELER in Ann. of Phys. **2**, 604 (1957), erweitert in G M D, gegeben.

37. Niemand anderer als H. B. G. CASIMIR, Proc. Ned. Akad. Wet., Amsterdam **60**, 793 (1948) hat je auf eine direktere Beziehung zwischen den Vakuumenergieschwankungen und der makroskopischen Physik hingewiesen, als er eine Kraft zwischen zwei parallelen Metallplatten voraussagte. Es wird hier kein Versuch unternommen, die ausgedehnte Literatur zu zitieren, die das Vorhandensein und die vorausgesagte Größe der Kraft verifiziert. Die gleiche Art von Schwankungen, die durch diese auf makroskopische Distanzen wirkende Kraft bewiesen wurden, sind auch auf $\sim 10^{-12}$ cm Distanzen mittels der Lamb-Verschiebung nachgewiesen worden. Diese Verschiebung stellt die eindrucksvollste Einzelentwicklung in der Quantenelektrodynamik der Nachkriegszeit dar (Abb. 7 und Referenz [19]).

38. BRILL, D. R., and J. B. HARTLE: Phys. Rev. **135**, B 271 (1964).

39. Eine historische Übersicht, die Chemie und Atomphysik als zwei Teile einer einzigen Entwicklung betrachtet, findet man etwa in W. G. PALMER, *A History of the Concept of Valency to 1930* (Cambridge: Cambridge University Press 1956) und besonders J. J. LAGOWSKI, *The Chemical Bond*, (Boston: Houghton Mifflin 1966).

40. Über diese Regelmäßigkeiten siehe etwa in den Büchern der Referenz [32].

41. BARDEEN, J., L. N. COOPER, and J. R. SCHRIEFFER: Phys. Rev. **108**, 1175 (1957).

42. Die hier angegebenen Themenkreise werden detaillierter im Anhang behandelt.

43. EINSTEIN, A., in P. A. SCHILPP, Hrsg. ALBERT EINSTEIN: *Philosopher-Scientist* (Evanston, Illinois: Library of Living Philosophers 1949, S. 81) bemerkt dort: „Hätte man die Feldgleichung des totalen Feldes, so wäre man gezwungen die Forderung aufzustellen, daß die Teilchen selbst *überall* als singularitätsfreie Lösungen der vollständigen Feldgleichungen beschreibbar sein sollten. Nur dann wäre die allgemeine Relativitätstheorie eine *vollständige* Theorie."

44. CARTAN, E.: Leçons sur la géométrie des espaces de RIEMANN (Paris: Gauthier-Villars, 2. Aufl., 1959, Kap. 8).

45. Wheeler, J. A.: Kap. 4 über Cartans geometrische Interpretation der Einsteinschen Feldgleichungen in *Gravitation and Relativity*. H. Y. Chiu and W. F. Hoffmann, Hrsg. (New York: W. A. Benjamin 1964).

46. Das Argument, daß der Propagator eines Teilchens verschwindender Restmasse und Spin zwei einen Hauptterm der folgenden Form hat

$$k^{-2}\left(g^{\mu\alpha}\,g^{\nu\beta} + g^{\mu\beta}\,g^{\nu\alpha} - g^{\alpha\beta}\,g^{\mu\nu}\right),$$

findet man bei S. Weinberg, Phys. Rev. **138**, B988 (1965); ebenso in erweiterter Form in seinem Beitrag zu: S. Deser and K. W. Ford, Hrsg. Brandeis Summer Institute in Theoretical Physics, 1964, Vol. 2, *Lectures on Particle and Field Theory* (Englewood Cliffs, New Jersey: Prentice-Hall 1965).

47. Siehe etwa bei W. Pauli in „Die allgemeinen Prinzipien der Wellenmechanik" im *Handbuch der Physik*, Geiger und Scheel, Hrsg. (Berlin: Springer) Bd. 24, 1, 1933; wiederabgedruckt in revidierter Form im neuen *Handbuch der Physik*, S. Flügge, Hrsg. (Berlin-Göttingen-Heidelberg: Springer), Bd. 5, 1, 1958.

48. Siehe die Diskussion über das Problem der Faktorenanordnung in B. DeWitt, Q T G; ebenso die Referenzen zu früheren Diskussionen über dieses Thema, die in diesem Buch zitiert sind.

49. Über die Bestimmung der Wellengleichung aus (i) dem Prinzip der Lorentz-Kovarianz und (ii) aus dem einen oder anderen Satz von Spinquantenzahlen siehe E. P. Wigner, Ann. of Math. **40**, 149 (1939) und V. Bargmann and E. P. Wigner, Proc. Nat. Acad. Sci. U.S.A. **34**, 211 (1946), beide Abhandlungen sind wiederabgedruckt in *Symmetry Groups in Nuclear and Particle Physics*, F. J. Dyson, Hrsg. (New York: Benjamin 1966).

50. Über eine Analysis der Metrik des Superraumes siehe bei B. DeWitt, Q T G, Referenz [2], und andere bei DeWitt zitierte Arbeiten; siehe ebenso bei S. Weinberg, Referenz [46], über den Propagator in die linearen Theorie der Gravitation in der de Donder-Eichung, der mysteriöserweise dieselbe Form wie die Metrik im Superraum hat (aber die Indizes sind 0, 1, 2, 3 statt 1, 2, 3).

51. Den Beweis, daß sich die Topologie des Raumes im Rahmen der klassischen Geometrodynamik nicht ändern kann, findet man bei R. P. Geroch, J. Math. Phys. **8**, 782 (1967).

52. Ein Modell eines geschlossenen Universums mit der Topologie S_3, das aus 720 identischen Stücken, von denen jedes die Schwarzschild-Geometrie aufweist, zusammengesetzt ist („Gitter-Universum") wird beschrieben bei R. W. Lindquist and J. A. Wheeler, Rev. Mod. Phys. **29**, 432 (1957); weitere Behandlung in G M D & I F S, S. 370—379.

53. Einstein, A., am Ende des Kapitels über das Machsche Prinzip in *The Meaning of Relativity* (Princeton, New Jersey: Princeton University Press, 3. Aufl., 1950).

54. Siehe etwa einige Lösungen der Einsteinschen Gleichungen bei B. K. Harrison, Phys. Rev. **116**, 1285 (1959) und weiteres in seiner ausführlicheren Princeton University Doktorarbeit, *Exact Three-Variable Solutions of the Field Equations of General Relativity*, 1959 (unveröffentlicht).

55. Es wird hier angenommen, daß die Vermutung H. Poincarés, jede einfach zusammenhängende kompakte differenzierbare dreidimensionale Mannigfaltigkeit sei homöomorph zu einer 3-Kugel, korrekt ist. Siehe C. D. Papakyriakopoulos, „The theory of differentiable manifolds since 1950", *Proceedings International Congress of Mathematicians*, 1958 (Cambridge: Cambridge University Press 1960), S. 433—440; ebenso J. Milnor, *Topology from the Differentiable Viewpoint* (Charlottesville: University of Virginia Press 1965) und die Bibliographie, die bei Milnor zitiert ist; ebenso J. Derwent „Handle decomposition of manifolds", J. Math. and Mech. **15**, 329 (1966).

56. Besonderer Wert ist auf die Unterscheidung zwischen „asymptotisch flach", wie dieser Begriff so oft im klassischen Rahmen einer 4-Geometrie verstanden wird, und dem Begriff der Flachheit zu legen, wie er im Rahmen der Hamilton-Jacobi-Theorie oder der Quantengeometrodynamik auf eine 3-Geometrie angewendet wird. Das Beispiel der Schwarzschild-Geometrie bringt diese Unterscheidung besonders schön heraus. Die Masse im Anziehungszentrum ist immer eindeutig dadurch bestimmt, wie rasch sich die 4-Geometrie der Flachheit im Unendlichen nähert; aber eine ähnliche Berechnung für eine raumartige 3-Geometrie, die man als Schnitt durch die 4-Geometrie erhält, ergibt je nach der Wahl des Schnittes verschiedene Werte für die anscheinend wirkende Masse. In der 4-Geometrie

$$ds^2 = -(1 - 2m/r)\,dt^2 + (1 - 2m/r)^{-1}\,dr^2 + r^2(d\theta^2 + \sin^2\theta\,d\phi^2)$$

betrachte man in großem Abstand den raumartigen Schnitt

$$t = t_0 + (8\,\alpha\,r)^{\frac{1}{2}}$$

so daß

$$dt = \left(\frac{2\alpha}{r}\right)^{\frac{1}{2}} dr\,.$$

Auf diesem Schnitt findet man eine 3-Geometrie vor, deren Koeffizient von dr^2, für große r, den Wert $1 + \dfrac{2(m-\alpha)}{r}$ besitzt. Die Abhängigkeit der „effektiven Masse", $(m-\alpha)$, von der Wahl des Schnittes durch den Parameter α deutet einige der Gefahren an, die hinter dem auf die *Drei*-Geometrien angewendeten Konzept der „asymptotischen Flachheit" lauern.

57. Die effektive Masse-Energie im Taub-Universum stammt ganz von der Erregung jener Schwingung der Gravitationsstrahlung her, die die längste Wellenlänge besitzt, die in dieses Universum hineinpaßt. Über die Metrik dieses Modells siehe A. Taub, Ann. of Math. **53**, 472 (1959) und C. W. Misner, J. Math. Phys. **4**, 924 (1963).

58. Wenn man sagt, ein Teilchen werde dargestellt „als Raum, der zwischen verschiedenen Topologien resoniert", versteht man darunter genauer, „daß es als geometrodynamisches Exciton dargestellt wird — ein Zustand der Erregung, in dem der Raum von einer Topologie und Geometrie zu einer anderen resoniert. Das geschieht entsprechend einer Wahrscheinlichkeitsamplitudenfunktion, die sich von der des Vakuums $\psi\,(^{(3)}\mathscr{G})$ nur wenig unterscheidet und orthogonal dazu ist."

59. Über eine systematische Entwicklung einer „vereinheitlichten Feldtheorie" siehe C. W. MISNER and J. A. WHEELER, Ann. of Phys. 2, 525 (1957) (wiederabgedruckt in G M D), wo auch auf frühere Arbeiten von G. Y. RAINICH Bezug genommen wird.

60. Der elektromagnetische Feldtensor wird in der „vereinheitlichten Feldtheorie" in Übereinstimmung mit den Feldgleichungen EINSTEINs in Abhängigkeit von der „Maxwell-Wurzel" des Ricci-Krümmungstensors und seines Dualen dargestellt

$$F_{\mu\nu} = (``R^{\frac{1}{2}}\,")_{\mu\nu}\,\cos\alpha + {}^{*}(``R^{\frac{1}{2}}\,")_{\mu\nu}\,\sin\alpha\,.$$

Dort wo ein Feld ist, wird die Änderung der „Komplexion" α des elektromagnetischen Feldes von Ort zu Ort vollständig durch die Maxwellschen Gleichungen bestimmt. Es sei jedoch eine raumartige Anfangswerthyperfläche betrachtet. Auf dieser Hyperfläche seien zwei Regionen mit Feld betrachtet (I und II), die durch eine feldfreie Region III getrennt sind. Die Charakterisierung ist innerhalb jeder einzelnen Region festgelegt, und nur auf das kommt es momentan für die Elektrodynamik an. Die Charakterisierung der Region II relativ zur Region I kann jedoch durch rein geometrische Messungen, die auf diese Hyperfläche beschränkt bleiben, niemals ermittelt werden. Für jene späteren Punkte in der Raum-Zeit, die durch eine Störung sowohl von I als auch von II erreicht werden können, ist aber diese relative Charakterisierung für die dynamische Entwicklung des elektromagnetischen Feldes an diesen Stellen sehr wichtig. In diesem Sinne führt das Anfangswertproblem in der vereinheitlichten Feldtheorie nicht zu einer rein geometrischen Formulierung. Ausführlicheres über dieses Thema siehe im Kapitel von L. WITTEN in dem von ihm selbst herausgegebenen Buch *Gravitation: An Introduction to Current Research* (New York: John Wiley & Sons 1962).

61. Wie bekannt, folgt die Divergenzbedingung aus der Invarianz der Hamilton-Jacobi-Funktion gegenüber der Eichtransformation $A_i^{\text{neu}} = A_i + \partial\lambda/\partial x^i$; daher

$$O = \delta S = \int\left(\frac{\delta S}{\delta A_i}\right)\delta A_i\,d^3x = \int(\mathfrak{E}^i\,\partial\lambda/\partial x^i)\,d^3x = -\int\mathfrak{E}^i_{,i}\,\lambda\,d^3x\,.$$

Das Verschwinden dieses Ausdrucks für beliebige λ ergibt die gewünschte Bedingung. Es sei betont, daß die hier verwendete Größe $\mathfrak{E}^i$ kein kontravarianter Vektor, sondern ein mit $\sqrt{g}$ multiplizierter Vektor („Vektordichte") ist. Hätte man mit dem kontravarianten Vektor selbst gearbeitet, so wäre man genötigt gewesen, die Diver-

genzbeziehung durch kovariante Ableitungen statt durch normale
Ableitungen auszudrücken, und die Ableitung im Text wäre ver-
kompliziert worden.

62. Das Symbol $(\mathfrak{E} \times B)_j$ steht hier für die kovariante Vektordichte $\mathfrak{E}^i B_{ij}$.

63. HERMANN WEYL betonte schon lange, Math. Z. **23**, 271 (1925),
,,In den geometrischen und physikalischen Anwendungen zeigte sich
stets, daß eine Größe nicht allein durch Angabe der Tensorstufe,
sondern durch Symmetriebedingungen charakterisiert ist.'' Mit anderen Worten, jede physikalische Größe wird durch eine irreduzible
Tensorgröße dargestellt; oder wie es O. VEBLEN und S. S. CHERN bezeichnet, durch ,,ein geometrisches Objekt''. WEYL faßte diese geometrischen Objekte als lokal auf. Es ist jedoch eine natürliche Erweiterung seiner Gedankengänge von einem *Funktional S* oder ψ zu
sprechen, die *global* von einer 3-Geometrie und einer 2-Form, die
in diese 3-Geometrie eingebettet ist, abhängen.

64. G M D, Referenz [2], S. 88.

65. MILNOR, JOHN: ,,A survey of cobordism theory'', L'enseigne-
ment mathématique **8**, 16 (1962); ,,Spin structures on manifolds'',
ebenda **9**, 198 (1963); ,,On the Stiefel-Whitney numbers of complex
manifolds and of spin manifolds'', Topology **3**, 223 (1965); ,,Remarks
concerning spin manifolds'' in S. S. CAIRNS, Hrsg., *Differential and
Combinatorial Topology* (Princeton, New Jersey: Princeton University Press 1965), S. 55; LICHNEROWICZ, ANDRÉ: Comptes rend. **252**,
3742 (1961) und **253**, 940 (1961) und **253**, 983 (1961) und eine Zusammenfassung dieser Resultate im dritten Teil des Kapitels von LICHNE-
ROWICZ, ,,Propagateurs, Commutateurs et Anticommutateurs en
Relativité Générale'', in C. and B. DeWITT, Hrsg., *Relativity, Groups
and Topology*, (New York: Gordon & Breach 1964); ANDERSON, D. W.,
E. H. BROWN JR., and F. P. PETERSON: ,,Spin Cobordism'', Bull. Am.
Math. Soc. **72**, 256 (1966); ,,SU-cobordism, KO-characteristic numbers
and the Kervaire invariant'', Ann. of Math. **83**, 54 (1966); HSIANG,
W. C., and B. J. SANDERSON: ,,Twist-spinning spheres in spheres'',
Illinois J. Math. **9**, 651 (1965). Der Verfasser drückt seine Wertschätzung für JOHN MILNOR, ROGER PENROSE und ROBERT GEROCH
für die Diskussionen aus, die den Begriff der ,,Spinstruktur'' zu
klären halfen.

66. Man nehme einen Gürtel und lege ihn flach ausgestreckt auf
einen Tisch. Das eine Ende fixiere man, während man das andere
Ende um 720° dreht. Nun schiebt man das verdrehte Ende unter Bei-
behaltung seiner Orientierung um das andere festgehaltene Ende
herum und — der Gürtel ist wieder ausgedreht. Bei einer 360°-Ver-
drehung ist das nicht so. Der Gürtel steht mit dem Würfel, dem
Zimmer und den acht elastischen Schnüren in Beziehung. Bevor man
den Würfel überhaupt dreht, kann man ihn aus einem Fenster ziehen.
In einiger Entfernung nehmen dann die acht elastischen Schnüre die
Form eines Gürtels an. Die Unterscheidung zwischen der 360°- und
720°-Drehung eines Gürtels trifft genauso auf den ,,Pseudogürtel''

der acht Schnüre zu. R. PENROSE und W. RINDLER geben ein weiteres
Beispiel an (zwei aufeinander abrollende Kegel), wie eine 720°-Drehung
die ursprüngliche „Lage-Verdrill-Beziehung" des Würfels zu seiner
Umgebung wieder herstellt. Dieses Beispiel ist im Vorabdruck des
Anhanges eines Buches enthalten, das diese beiden Autoren dem-
nächst herausgeben werden. Der Verfasser dankt Professor PENROSE
für die Erlaubnis, diesen Vorabdruck zu sehen.

67. Es wurde die Möglichkeit angedeutet, daß man schließlich
imstande sein wird, die sog. „Lage-Verdrill-Beziehung" zwischen
einem Objekt und seiner Umgebung zu bestimmen, indem man das
Kontaktpotential zwischen einem drehbaren und einem festgehaltenen
Metallstück mißt: AHARONOV, Y., and L. SUSSKIND: Phys. Rev.
158, 1237 (1967).

68. Siehe den Paragraphen über Orientierbarkeit in § 27.

69. Es ist nicht neu, die Geometrie zu abstrahieren. Zu Beginn war
EINSTEINs gekrümmte Raum-Zeit ein Heim für geodätische Linien.
Wie sonst, fragt man sich, hätte er die Planetenbewegung voraussagen
können? Später haben EINSTEIN, GROMMER, INFELD und HOFFMAN
die geodätischen Linien hinausgeworfen. Wie sie zeigten, sagen die
Feldgleichungen selbst die zeitliche Entwicklung der Geometrie und
daher die Bewegung der Masse-Energie-Konzentrationen voraus.

70. Über die Geschichte des Spinbegriffes siehe W. PAULI in seiner
Nobelpreis-Vorlesung 1945, *Exclusion Principle and Quantum Mecha-
nics* (Neuchâtel: Editions Grisson 1947), und ebenso die entsprechende
Diskussion in M. FIERZ and V. W. WEISSKOPF, *Theoretical Physics in
the Twentieth Century: A Memorial Volume to* WOLFGANG PAULI (New
York: Interscience 1960).

71. Siehe etwa C. KITTEL, *Introduction to Solid-State Physics*,
3. Aufl. (New York: John Wiley & Sons 1966).

72. Der Torus kann durch zwei Schnitte in ein einziges Blatt um-
gewandelt werden. Mit der einen Ecke im Ursprung kann man es
sich dann in der komplexen Ebene ausgelegt denken. Eine benach-
barte Ecke sei beliebig durch die Zahl $1 + i\,0$ identifiziert, indem man
einen geeigneten Maßstab wählt („konforme Abbildung"). Die Lage
der anderen benachbarten Ecke ist dann vollständig bestimmt
$(\tau = \tau_1 + i\,\tau_2)$. Ebenso vollständig bestimmt ist die es begleitende
2-Geometrie, *modulo* der Gruppe der konformen Transformationen.
Die Größe τ kann dann mit dem im Text erwähnten komplexen
Parameter gleichgesetzt werden.

73. Für eine Übersicht mit vielen Literaturzitaten siehe H. E.
RAUCH, „A transcendental view of the space of algebraic RIEMANN
surfaces", Bull. Am. Math. Soc. **71**, 1 (1965). Der Verfasser dankt
Professor LEON EHRENPREIS für die Erläuterung dieses Themas
sowie für diese und die folgende Referenz.

74. LIPMAN BERS, *On the moduli of Riemann surfaces*; Vorlesungen
am Forschungsinstitut für Mathematik, Eidgenössische Technische
Hochschule, Zürich, 1964. Mitschriften von L. M. und R. J. SIBNER
(vervielfältigt).

75. Über die Anfangswertgleichungen der klassischen Geometrodynamik siehe G. Darmois, *Les équations de la gravitation einsteinienne* (Paris: Gauthier-Villars 1927); Stellmacher, K.: Math. Ann. **115**, 136 (1937); Lichnerowicz, A.: J. Math. pure appl. **23**, 37 (1944); Helv. Phys. Acta, Suppl. **4**, 176 (1956); *Théories relativistes de la gravitation et de l'électromagnétisme* (Paris: Masson & Cie. 1955); Fourès-Bruhat, Yvonne: Acta Math. **88**, 141 (1952); J. Rational Mech. Anal. **5**, 951 (1956); und das Kapitel von Y. Fourès (jetzt Y. Choquet) in L. Witten, Hrsg., *Gravitation: An Introduction to Current Research* (New York: John Wiley 1962).

76. Weyl, H.: *Philosophy of Mathematics and Natural Science* (deutsches Original 1927, übersetzt durch O. Helmer (Princeton, New Jersey: Princeton University Press 1949), S. 91.)

77. G M D & I F S, S. 495—499.

78. Eine ausführliche Liste jener Probleme, die noch einer weiteren Untersuchung harren, findet man in G M D & I F S.

79. Leutwyler, H., in: *Battelle Rencontres: 1967 Lectures in Mathematics and Physics* (New York: William Benjamin, 1968).

80. In diesem Zusammenhang wird man an einen Ausspruch eines William James vor über einem halben Jahrhundert erinnert, „daß die Wirklichkeiten in einem größeren See der Möglichkeiten schwimmen, aus denen sie erwählt werden; und *irgendwo*, sagt der Indeterminismus, existieren solche Möglichkeiten und bilden einen Teil der Wahrheit". Der Verfasser drückt seine Wertschätzung Paul van de Water für dieses Zitat aus.

81. Wheeler, J. A.: "Our Universe: The Known and the Unknown", Am. Scientist **56**, 1 (1968) und Am. Scholar **37**, 248 (1968).

82. Wigner, E. P.: *Symmetries and Reflections* (Bloomington, Indiana: Indiana University Press 1967); ebenso J. M. Jauch, E. P. Wigner, and M. M. Yanase: Nuovo cimento **48**, 144 (1967); ebenso B. DeWitt: Q T G; ebenso H. Everett III: Rev. Mod. Phys. **29**, 454 (1957); Wheeler, J. A.: Rev. Mod. Phys. **29**, 463 (1957) und G M D, S. 75.

Namenverzeichnis

Die in eckigen Klammern stehenden Ziffern beziehen sich auf die
Nummern der Zitate innerhalb des laufenden Textes und der Literatur

Aharanov, Y.   [67]
Anderson, D. W.   [65]
Anderson, J. L.   [1], 16
Arnowitt, R.   [2], 16, 58
Avez, A.   63

Baade, W.   [31]
Baierlein, R. F.   [2], [14]
Bardeen, J.   [41]
Bargmann, V.   [49], iv
Battelle Institute   iii
Belasco, E.   82
Bergmann, P. G.   [1], 16
Bers, L.   [74], 78
Berzelius, J. J.   49
Betti, E.   63
Bohr, N.   2, 47
Brill, D.   [38], iv, 63
Brown, E. H., jr.   [65]
Brunings, J. H. M.   [1]

Cairns, S. S.   [65]
Cartan, E.   [44], [45], 53
Casimir, H. B. G.   [37]
Chern, S. S.   [63]
Chiu, H. Y.   [45]
Choquet, Y.   [75]
Clifford, W. K.   [36], 7
Codazzi, D.   54
Cooper, L. N.   [41]
Coulomb, Ch. A. de   37, 49

Darmois, G.   [75]
Derwent, J.   [55]
Deser, S.   [2], [46],   16, 58
De Witt, B. S.   [1], [2], [3], [9],
    [16], [21], [48], [50], [65],
    [82], 16, 79

De Witt, C. M.   [1], [2], [65]
Dicke, R. H.   [29], [31], 5, 38
Dieter, N. H.   [31]
Dirac, P. A. M.   [1], [27], [31],
    16, 38, 60
Doroschkevich, A. G.   [18]
Dürer, A.   2
Dürr, H. P.   [32], [40]
Dyson, F. J.   [19], [32], [40], [49]

Eddington, A. S.   [26], [31], 38
Ehrenpreis, L.   [73]
Einstein, A.   [15], [33], [36],
    [43], [53], [60], [69], Titel-
    bild, i, ii, iii, 1, 2, 3, 4, 5, 6,
    7, 8, 10, 11, 12, 16, 18, 20,
    22, 23, 34, 35, 41, 52, 53, 55,
    57, 59, 60, 62, 65, 68, 76, 79,
    82, 84, 85
Epstein, E. E.   [31]
Everett, H., III   [82]

Feynman, R. P.   [1], 3, 26, 53
Fierz, M.   [70]
Flügge, S.   [47]
Ford, K. W.   [46]
Fourès, Y. s. Choquet, Y.
Fourès-Bruhat, Y. s. Choquet, Y.
Friedmann, A.   5

Gauss, C. F.   4, 30, 54
Geiger, H.   [47]
Gell-Mann, M.   [32], [40]
Gerlach, U.   [11], 22
Geroch, R. P.   [51], [65]
Gordon, W.   60
Grommer, J.   [69], 7, 8
Gupta, S. N.   [1], 53

Hamilton, W. R.   [10], [15], [56],
    [61], 12, 13, 21, 22, 23, 52, 53,
    55, 56, 57, 58, 59, 60, 61, 65,
    66, 67, 87, 88
Harrison, B. K.   [18], [54]
Hartle, J. B.   [38]
Hausdorff, F.   19, 61
Hayakawa, S.   [30], [31], 38
Heisenberg, W.   [32], [40], 29
Heitler, W.   49
Helmer, O.   [76]
Higgs, P. W.   [2], 16
Hilbert, D.   53
Hoffmann, B.   [69], 7, 8
Hoffmann, W. F.   [45]
Hsiang, W. C.   [65]
Hubble, E.   [31], 5

Infeld, L.   [69], 7, 8

Jacobi, K. G. J.   [10], [15], [56],
    [61], 12, 13, 21, 22, 23, 52, 53,
    55, 56, 57, 58, 59, 60, 61, 65,
    66, 67, 87, 88
James, W.   [80]
Jauch, J. M.   [82]
Jordan, P.   [28], [31], 38

Kervaire, M.   [65]
Khriplovich, I. V.   [1]
Kittel, C.   [71]
Klein, O.   60
Krikava, H.   iv

Lagowski, J. J.   [39]
Lagrange, J. L.   56, 58
Lamb, W. E., jr.   [37], 29, 30
Leutwyler, H.   [1], [16], [79], 85
Lichnerowicz, A.   [65], [75]
Liebscher, E.   iv
Lilley, A. E.   [31]
Lindquist, R. W.   [52]
London, F.   49
Lorentz, H. A.   4, 16, 35, 59

Mach, E.   [53]
Mandelstam, S.   [1]
Markov, M. A.   [1]

Maxwell, J. C.   [36], [60], 7, 10,
    43, 51, 65
Milnor, J.   [55], [65], 69
Minkowski, H.   17, 59
Minkowski, R.   [31]
Misner, C. W.   [1], [2], [16],
    [36], [57], [59], 9, 16, 26, 58,
    80
Mössbauer, R.   5
Morinigo, F. B.   [1]

Ne'eman, Y.   [32], [40]
Newton, I.   2, 4, 13, 15, 37
Novikov, I. D.   [18]

Ohanian, H.   82
Oppenheimer, R.   [33]

Palmer, W. G.   [39]
Papakyriakopoulos, C. D.   [55]
Pauli, W.   [47], [70], 75
Peebles, P. J. E.   [31]
Penfield, R.   [1]
Penrose, R.   [5], [65], [66]
Peres, A.   [2], [12], 22
Peterson, F. P.   [65]
Pirani, F. A. E.   [1], 16
Planck, M.   [17], [22], [25], 26,
    34, 36, 37, 38, 39, 42, 46, 47,
    50, 51, 62, 76
Poincaré, H.   [55]
Pollock, F   [36]
Pound, R. V.   5
Poynting, J. H.   68

Rainich, G. Y.   [59], 9
Rauch, H. E.   [73]
Rebka, J. A., jr.   5
Retherford, R. C.   30
Riemann, B.   [36], [44], 4, 7,
    16, 77, 78
Rindler, W.   [66]
Ritz, W.   2
Roberts, J. A.   [31]
Roll, P.   5
Rose, M. E.   [1]
Rosen, N.   [36]
Rosenfeld, L.   [1]

Sanderson, B. J.   [65]
Scheel, K.   [47]
Schild, A.   [1], 16
Schiller, R.   [1]
Schilpp, P. A.   [43]
Schrieffer, J. R.   [41]
Schrödinger, E.   3, 49, 59, 60,
    65, 79, 84, 85
Schwarzschild, K.   [56]
Schwinger, J.   [1], [7]
Sharp, D. H.   [2], [14]
Sibner, L. M.   [74]
Sibner, R. J.   [74]
Smale, S.   60
Stellmacher, K.   [75]
Stephen, L.   [36]
Stern, M.   [4], 19, 61
Stiefel, E.   [65]
Susskind, L.   [67]

Taub, A. H.   [57], 64
Taylor, E. F.   [6], [23]
Thirring, W.   53
Thomson, J. J.   49
Thorne, K.   [18]
Tomonaga, S.   [7]
Tucker, R.   [36]

Van der Waals, J. D.   49, 51
Van de Water, P.   [80]
Veblen, O.   [63]

Wagner, W. G.   [1]
Wakano, M.   [18]
Weber, H.   [36]
Weber, J.   6
Weinberg, S.   [1], [46], [50]
Weisskopf, V. F.   [1], [70]
Welton, T. A.   [19]
Weyl, H.   [63,] [76], 53, 83
Wheeler, J. A.   [2], [3], [6], [8],
    [14], [17], [18], [20], [21],
    [22], [23], [25], [35], [36],
    [45], [52], [59], [64], [77],
    [78], [81], [82], Titelbild, ii,
    iii, iv
Whitney, H.   [65]
Wigner, E. P.   [24], [49], [82], 86
Witten, L.   [1], [2], [21], [60], [75]

Yanase, M. M.   [82]
Yukawa, H.   Titelbild

Zatzkis, H.   [1]
Zel'dovich, Y. B.   [18]

Sachverzeichnis

Ableitung, funktionelle 22—23, 67

Abstand, raum-zeitlicher 17

Abstoßung zwischen Moleküle 49

Äquivalenzklasse 17

Äquivalenz, Prinzip der 5

Affinität, chemische 49

Akademie der Wissenschaften, Preußische iii

— —, Deutsche iii

„Alles geschieht" 41

„Alles ist Nichts", vgl. Vision, Einsteinsche

Alpha-Teilchendurchdringung 41

Ammoniakmolekül 49

—, umklappen 41

Anfangsbedingungen 18, 21, 38, 52, 65, 80—85

Anfangswert-Hyperfläche 20, 58, 65, 84—85

Anfangswertproblem 20—21, 38, 52, 65, 80—85

Anpassungsverhältnisse 77

Antenne 33

Anziehungszentrum 62

assoziierter Zustand 50

asymptotisch, flach 62—63, 95

Atmosphäre vs. Wolke 48, 51

Atome, Abstand im Molekül 29

Atomphysik 35, 37, 39, 61

Bahnen, kreisförmige und elliptische 49

Ballbahn 16

Banach-Raum 18

Beobachtung 20

Beschleuniger 38

Beschleunigung 2

Betti-Zahlen 63, 77

Beugung 28

Bewegung, vgl. Elektrodynamik, Geometrodynamik, Teilchendynamik

Bewegungsgleichungen der Teilchen 7, 12—15, 23, 55—57

Bewegungsinvariant 45

Bezugssystem 2, 4, 34

Bindungsenergie 50

Brechungsindexschwelle 9

Budget 38

Chemie, drei Arten 48—49, 50

chemische Kräfte 49

Coulombsches Gesetz 37, 49

Demidynamik 20

Detektor 21, 34

Dichte des Wassers 37

diffeomorph 17

Differentialoperator, Einstein-Hamilton-Jacobischer 23, 53

Dimensionalität 50, 61, 83, 88

Dirac-Gleichung 60

dissoziierter Zustand 50

Divergenzbedingung 32, 67, 96—97

Drehung 69—73

Dreibein-Feld 51, 71—75

Dynamik, vgl. Elektrodynamik, Geometrodynamik, Teilchendynamik

Eigenzeit, endlich bis zum Kollaps 27

Einbettbarkeit 53

Einstein-Hamilton-Jacobi-Gleichung 22, 23, 53, 60, 61, 87—88

„Einstein-Schrödinger-Gleichung" 28, 59, 60, 79, 84—85
Einsteins Vision 1, 6, 7, 52
elektrisches Feld, vgl. Elektrodynamik
elektrische Kräfte vs. chemische
Kräfte 49
Elektrizität 2, 6, 12, 43—46
Elektrizität, topologische Interpretierung, vgl. Wurmloch
Elektrodynamik und elektromagnetisches Feld 6—10,
31—34, 37, 39, 43—46,
51—52, 60—61, 64—68,
76—77, 83
vgl. auch Schwankungen des
elektromagnetischen Feldes
elektrodynamischer Impuls 67
Elektron 48, 49
Elektronbewegung und Lamb-
Verschiebung 29, 30
Elementarteilchen, Elementarteilchenphysik, Elementar-
teilchen-Chemie 10, 38,
48—52, 64, 68—69, 96
vgl. auch Teilchen
elliptische Anfangswertgleichung
82
Energie des Elektrons im
H-Atom 30
— -dichte, Vakuum 46—48
— eines Teilchens 13
— Halbquanten-, Nullpunkts-,
Schwankungs- 31
— Impuls Tensor 11, 53
Erde, Umfang und Umdrehung
37
Ereignis, vgl. Punkt
Ereignisempfänger 20—21
Erkennbar 85, 99
Erregung, geometrodynamische
45, 48—52, 69, 96
euklidische Topologie 62—63
Exciton, geometrodynamisches
45, 48—52, 69, 96
Expansion, Hubblesche 5—6
Extrapolation einer bestehenden
Theorie 36

Familie von 3-Geometrien
80—82
Feinstrukturkonstante 90—91
Feld, elektromagnetisches,
vgl. Elektrodynamik
Feldgleichungen, Einsteinsche,
vgl. Geometrodynamik
Feldoszillator 31
Feldstärke 21
Feldtheorie, schon vereinheit-
lichte 9, 64—65, 76—77, 96
—, vereinheitlichte 2, 8—9,
64—65
Ferromagnet 76
Festkörperphysik 37—39
flach, asymptotisch 62—63, 95
Flut erzeugende Komponente 35
2-Form 66
Fortpflanzung 19, 21, 25—26,
28, 61, 80
Fourier-Koeffizienten des
B-Feldes 31
Freiheitsgrade 6, 64—65
funktionelle Ableitung 22—23,
67
Fußspuren des Maxwell-Feldes
65, 68

gehemmte Rotation 41
2-Geometrie 16—17, 77—78
3-Geometrie 15—29, 36, 41—84
— als Baustein 25, 27, 36, 53, 64
—, Lokalisierung in 4-Geo-
metrie 24—25
—, Null 21
— und Zeitinformation 24
4-Geometrie 15—20, 24, 26,
29, 36, 53—59, 67, 81—82
—, beschränkte Gültigkeit
26—27, 35—36
—, Starrheit 25
—, Zerlegung in 3-Geometrien
24, 27, 36, 53, 81
Geometrodynamik 1, 4—8, 12,
16—27, 35, 38, 41—45,
52—62, 68, 80—83;
vgl. auch Quantengeometrodynamik

geometrodynamischer Impuls
29, 59, 67, 79, 83
Geon 8, 9, 64
Gerät, Meßgerät für
magnetisches Feld 33
Geschichte, dynamische
14—15, 56—59
Geschichtesumme, Feynmansche
26
Geschlecht 77
gigantische Zahlen 38
Gravitation 4, 8, 16, 35, 38, 52
Gravitationskollaps, vgl. Kollaps
Gravitationsstrahlung und
Gravitationswelle 6, 12, 42,
64
Größe, lokal-physikalische 19
große Zahlen, vgl. gigantische
Zahlen
Grundzustandschwankungen,
vgl. Schwankungen
SU(2)-, SU(n)-, SL(n)-Gruppe 75
Gruppentheorie 50
Gummituch und Koordinate 66

Hamilton-Jacobi-Theorie 12, 13,
14, 15, 21, 52—59, 60, 65,
67, 87—88
vgl. auch Einstein-Hamilton-
Jacobi-Gleichung
Henkel, vgl. Wurmloch
homöomorph 18
homoeopolare Bindung 49
homotopisch äquivalent 72
Hurrikan 8
Hydrodynamik 8, 39
Hyperfläche, vgl. 3-Geometrie
und Anfangswert-Hyper-
fläche

Impuls, elektrodynamischer 67
—, konjugiert geometrodyna-
mischer 29, 59, 67, 79, 83
Interferenz 13, 14, 18, 22, 23,
53, 57
Invarianz von V^2 79
Ionenkräfte 49, 51
Irreversibilität 2

Kausalität 79, 80
Kernmaterie 48
Kernphysik 35
Klein-Gordon-Gleichung 60
Kohlenstoffgitter 49
Kollaps 5, 26, 27, 28, 50, 61, 64,
83
Kommutieren 19, 75
Kompensation der Energie 47
Komplimentarität, vgl. Un-
schärfeprinzip
Konfiguration, dynamische
15, 19
Konfigurationsraum 50, 61
konforme Abbildung 77, 78
konjugierte Feldvariabeln 29, 59,
67, 79, 83
Koordinaten 16, 80—82
Korrespondenz mit der Newton-
schen Theorie 53, 60, 79
Kosmologie 2, 4, 5, 38, 64
Kotflügel 16, 17
kovariante Ableitung 66
Kraft, magnetische 33
Kräfte, starke und schwache 51
Krümmung 4—5, 7, 9, 16, 22,
27, 34—35, 40—41, 51—55,
61, 77
—, innere und äußere 29,
54—55, 57
3-Kugel 63
Kugel, äußere Krümmung 55
Kugelwellen, ausgehende 28

Ladung, elektrische, topologische
Interpretierung, vgl. Wurm-
loch
Längenstandard 37
vgl. auch Plancksche Länge
Lage-Verdrill-Beziehung 69—76
Lagrange-Dichte 58
Lagrange-Gleichung 56
Lamb-Retherford-Verschiebung
29—30
Lichtablenkung 5
Lichtgeschwindigkeit 37, 61, 69
Lichtkegel 20, 80, 87
Lichtstrahl 19

Lösungen, analytische, der
    Feldgleichungen 57—59
Lorentz-Bezugssystem, vgl.
    Bezugssystem
Lorentz-Raum-Zeit, vgl.
    Relativität, speziell

Magnetfeld, vgl. Elektrodynamik
Magnetisierung und Magnons
    76, 77
Mannigfaltigkeit 17—19, 40, 73
Maryland, Universität von 6
Massenbeziehungen zwischen
    Teilchen 49
Masse-Energie-Quellen 23, 53
Massenstandard 37
Materie 4, 10, 48—52, 64
    vgl. Teilchen
Materie als Erregungszustand
    der Geometrie 45, 48—52,
    64, 69, 96
Maxwell-Gleichungen, vgl.
    Elektrodynamik
mehrblättriger Superraum
    73—77
Menge 19, 23
Merkurperihel 5
Metallhärtung 38, 39
Metrik 17, 19, 22, 24, 40,
    57—59, 61, 66, 79—83
Mikroskop 38, 83
Minkowski-Raum-Zeit, vgl.
    Relativität, speziell
Molekül 29, 50
Molekülphysik 37, 50

Nachher, kein 26, 80
Neutrino 61, 69, 76
Nichtorientierbarkeit 63
Nukleon 48
Nullpunktschwankungen, vgl.
    Schwankungen

Objekt, dynamisches 15, 19
örtliche Erregung, geometro-
    dynamische 42, 45, 48—52,
    69, 96
Orientierbarkeit 63

Orientierung 69—72
Oszillator 29, 30, 31
Ozean, Topologie 39

Phase 13, 22
Photon 9
Photonbahn 16, 28
Plancksche Länge 26, 29,
    34—39, 42—48, 50—51, 62
Potential, auf das Elektron
    wirkendes 30
Poynting-Vektor 68
Präzession des Perihels 5
Princeton 2, 3
Punkt 16—17, 19—21, 23
Punkt oder Ereignis als ab-
    geleiteter Begriff 25, 28

Quantenelektrodynamik 29
Quantengeometrodynamik 12,
    18, 20, 25—27, 29, 35—37,
    40—52, 59, 60, 62, 68—69,
    73—80, 84—86
Quantenlänge, vgl. Plancksche
    Länge
Quantenprinzip 3—4, 12—15,
    26, 35, 37, 49, 65, 76, 84
Quantenschwankungen, vgl.
    Schwankungen
Quantenzahlen 49
Quark 91
Quaternion 70—71
Quellen 23

Randbedingung im Superraum
    85
Raum, absoluter 2
—, euklidischer 11
—, 3-dimensionaler, vgl.
    3-Geometrie
—, vielfach zusammenhängen-
    der, vgl. Wurmloch
—, Zeit, vgl. 4-Geometrie
—, —, beschränkte Gültigkeit
    26, 28, 35—36
Regelmäßigkeiten 50
Relativität, allgemeine, vgl.
    Geometrodynamik

Relativität, spezielle 7, 20, 35,
37, 59
Resonanz, vgl. Schwankungen
Restkausalität 79, 80
Richtung, voll entwickelte 82
Rotation, gehemmte 41
Rotverschiebung 5
Ruhemasse, ohne 53

Schachtel-Packung 24
schaumartige Struktur 11,
41—46, 51, 64, 68
Schaumteppich 41
Schnitt, raumartiger 18, 23,
27, 81
Schnüre, verdrillte 69—72
Schrödinger-Gleichung 49, 60, 79
Schwarzkörperstrahlung 37
Schwankungen des elektro-
magnetisches Feldes 29—34,
40, 45—47, 51
Schwankungen in der Geometrie
27, 29, 34—37, 39, 40—46,
51, 64
— der Moleküldimensionen
30, 31
— in der Spinstruktur 73—77
— in der Topologie 39—46, 64,
76—77, 83—84, 96
Signatur 18, 20
Singularität 7, 60
Sonne als Anziehungszentrum 62
Spin, Spinor, Spinorfeld, Spin-
struktur 51, 60, 68, 69—76
Spin 2-Feld, Gravitation als 53
Stern als Anziehungszentrum 62
Strahlung 2, 33, 34, 37
Streuung 28
Superraum iii, 12, 17—27, 35,
41, 52, 57—65, 73—86
Supraleitung 50

Tangentenvektoren des Superraumes 80—83
Taub-Modell des Universums
64, 95
Teilchen 10, 38, 48—52, 64, 65,
68—69, 96

Teilchendynamik 7, 12—15,
23, 55—57, 80
Teilchenfelder 48
Temperatur 29
Topologie 10—11, 18, 39,
40—46, 51, 61—64, 68,
71—77, 83—84
—, Hausdorffsche 19, 21, 61
2-Torus 78
3-Torus 63
Transformationseigenschaften
der Teilchenfelder 49
Tranformationsgesetz 75

Umgebung eines Punktes 18
Umklappen des Ammoniak-
moleküls 41
Universum, vgl. Kosmologie
Unbestimmtheit, vgl. Un-
schärfeprinzip
Unerkennbar 85, 99
Unschärfeprinzip 29

Vakuum und Vakuumphysik
29, 46—52
Vakuumschwankungen, vgl.
Schwankungen
Valenzkräfte 49, 51
Valenzwinkel 49
van der Waalskräfte 49, 51
Variationsprinzip, Hilbertsches
53
Vektorpotential, elektro-
magnetisches 66
Verbindung, chemische 50
Vergangenheit 20, 80—81, 87
Verschiebung, geometrische
24, 82
—, Koordinaten- 66—68,
80—82
Versetzungen 38—39
Version 69—76
Vision, Einsteinsche 1, 6—7, 52
Vorgeometrie 83—84
Vorher, kein 26, 80

Wahrscheinlichkeit, quantenmechanische 3, 28, 32, 62

Wahrscheinlichkeitsamplituden-
    funktion 13—14, 21—22,
    25, 28, 30—32, 36, 41—42,
    48, 51, 65, 73—77
„Wasserfall und Schaum" 64
Wasserstoffatom, Elektron-
    bewegung im 30
Wasserstoffmolekül 29
Wassertropfen, Teilung 40
Wellenfunktion, vgl. Wahr-
    scheinlichkeitsamplituden-
    funktion
Wellengleichung, vgl. „Einstein-
    Schrödinger-Gleichung"
Wellenlänge der elektro-
    magnetischen Störungen 33
Wellenpaket 13—15, 18,
    21—22, 25, 27, 41
Weltlinie, vgl. Teilchendynamik
Wirkungsquantum 37

Wolke vs. Atmosphäre 48, 51
Würfel, Drehung 69—73
Wurmloch 10—12, 39—46, 51,
    62—63, 68, 71—73, 76—78,
    83—84, 92—93

Zeit, absolute 2
—, beschränkte Gültigkeit 26,
    28
— standard 37
—, symmetrisches Anfangswert-
    problem 82
—, „vielfingrige" 24, 58—59
Zukunft 20, 80—81, 87
Zusammenhang des Raumes,
    vgl. Topologie; Wurmloch
zweite Fundamentalform 54;
    vgl. Krümmung, äußere
Zweiwertigkeit, nichtklassische
    51, 75—77

Universitätsdruckerei H. Stürtz AG Würzburg

MIX
Papier aus verantwortungsvollen Quellen
Paper from responsible sources
FSC® C105338

If you have any concerns about our products,
you can contact us on
ProductSafety@springernature.com

In case Publisher is established outside the EU,
the EU authorized representative is:
Springer Nature Customer Service Center GmbH
Europaplatz 3, 69115 Heidelberg, Germany

Printed by Libri Plureos GmbH
in Hamburg, Germany